青春励志

我的青春不迷茫

——描绘命运天空的七道彩虹

陈名海 著

中国检察出版社

图书在版编目（CIP）数据

我的青春不迷茫：描绘命运天空的七道彩虹/陈名海著.
—北京：中国检察出版社，2013.9
ISBN 978－7－5102－0942－0

Ⅰ.①我…　Ⅱ.①陈…　Ⅲ.①成功心理－青年读物
②成功心理－少年读物　Ⅳ.①B848.4－49

中国版本图书馆 CIP 数据核字（2013）第 157484 号

我的青春不迷茫

——描绘命运天空的七道彩虹

陈名海　著

出版发行：中国检察出版社

社　　址：北京市石景山区香山南路 111 号（100144）

网　　址：中国检察出版社（www.zgjccbs.com）

电　　话：(010)68658769(编辑)　68650015(发行)　68636518(门市)

经　　销：新华书店

印　　刷：保定市中画美凯印刷有限公司

开　　本：A5

印　　张：7.25 印张

字　　数：153 千字

版　　次：2013 年 9 月第一版　2013 年 9 月第一次印刷

书　　号：ISBN 978－7－5102－0942－0

定　　价：24.00 元

恰同学少年，风华正茂

　　本书的内容由我的老乡陈名海检察官精心撰写，这是我们山东人的骄傲，也是他单位——山东省龙口市人民检察院的自豪，更是他本人的光荣。

　　这些年，孔孟之乡山东的文化事业真是大丰收：中国本土第一个获得世界最权威的诺贝尔文学奖的作家莫言，还有第八届茅盾文学奖得主张炜等一大批精英均来自齐鲁大地。山东还涌现了一大批民间明星：2010年星光大道年度总冠军刘大成，中国达人秀十大励志选手之一李相银，2011年星光大道月冠军、第三季中国达人秀总冠军潘倩倩，屡破吉尼斯世界纪录的"中国顶王"孙朝阳，空竹达人周天，激情唱响人气选手"草地哥"钟蒙修，2013年星光大道总决赛第六强"草帽姐"徐桂花等，人才济济。

　　虽然陈名海不会唱歌、跳舞这些本事，但写作方面还是颇具才华的，大作一部接一部地出版，这也是很棒的才艺。

　　这本书一定精彩，除了作者有扎实的文字功底外，还有个重要原因，那就是他所在的单位工作成绩显著，为他提供了丰富的素材：山东省龙口市人民检察院是获得最高人民检察院表彰的检察系统优秀青少年维权岗之一的检察院；该院大力开展给青少年犯罪嫌疑人真切人文关怀的"春雨工程"，且经验做法被新华网报道；在检察环节连续多年零上访的经验做法也被人民网报道；加强职务犯罪预防机制的经验做法受到社会各界好评和领导机关充分肯定；司法资格考试通过率一直名列本系统前茅并受到表彰；多次荣获"平安山东建设先进基层单位"、"山东省政法系统践行社会主义法治理念先进单位"等荣誉称号，被山东省人民检察院荣记集体二等功等，这些内容可以提炼出很多东西给青少年看。

春天是一年中万物生长的季节，草木茂盛呈青葱色，所以，春天常被用来比喻青春。青春期一定要干好事业，这是决定你一生是否红火的本钱。正如陈名海检察官著作所言，我在青春时期很贫困、很艰难，但我能够坚持不懈地苦练唱歌才艺，不去做打牌等虚度好时光的无聊事情。借用本书理论，我用七道彩虹描绘了命运的天空，到了中年时期大放异彩。

同学们青春年少，风华正茂，意气奔放，一定要珍惜大好年华，树立远大志向，勤学苦练、多长本领，为将来打下坚实的基础，长大以后才能够更好地报效祖国，回报社会。

希望我的"粉丝"朋友们多支持这本书和作者，大家共铸辉煌青春。

朱之文

目录
Contents

我的青春不迷茫

燃烧青春，每个人都有属于自己的彩虹

让命运的天空绚丽多姿，
彩霞朵朵——知心姐姐的信

由一个故事引发的思考

命运的思考

奔向新希望

风和日丽，河水清清，芦苇丛丛，一群金色小鲤鱼游来游去，无忧无虑地生活。

忽有一天，一只大乌贼逆流游来，对它们说道："哎呀，人家都在忙着变龙，你们却在虚度光阴，何等可惜！"鲤鱼们疑惑不解："我们怎么能变成那么大的龙呢？"乌贼道："距此九千里，毗连东海，有一黑龙潭，水的最深处立一龙门关，只要跃过，金光一闪，立马成龙。"鲤鱼们听得热血沸腾，纷纷摩拳擦掌，恨不得马上飞去！

越来越多的小鲤鱼游过来，聚集在一起，列队待发。

芦苇阿姨摇晃手挽留，河蟹伯伯对她说："人生能有几回搏，人生总得搏一回啊。"

小鲤鱼们成群结队，浩浩荡荡向黑龙潭游去，声势浩大。一路上，草鱼们纷纷加入，连蛤蟆也动了心，摇摇晃晃地跟着去。

经过艰苦的长途跋涉，它们终于来到黑龙潭，好热闹啊！一群群的鲤鱼在水面游动，一条条鲤鱼铆足了劲，向龙门关跃去，可惜龙门关高耸入云，它们至多跃至龙门一小半的高度，就掉下来，每次掉下，身上就会掉下一片鳞。

忽然，一条大龙从头顶飞过，乌贼道："这就是小鲤鱼变的，人家多威风啊！还等什么？快飞跃啊！"

小鲤鱼们争先恐后地加入了跳跃的队伍，却总不如愿。

水面上刮起飓风，大浪滔天。一条体态健壮的大黑鲤鱼，运足劲，借助大浪，一个跳跃，"刷"地越过龙门。顿时金光一闪，化作巨龙飞走。其余的小鲤鱼干劲倍增，可惜它们的结局与前面的战友们一样，从浪尖上重重地摔落下来。

一筹莫展时候，忽听水底响声大作，水面卷起千层巨浪，东海龙王在一大群随从的簇拥护卫下，冲出龙潭，赴天朝圣。每个虾兵蟹将怀里都揣着一大把的鱼，还有蛤蟆，经过龙门关时，纷纷放出，顿时金光道道，一条条龙飞走！一群小鱼哗啦啦地变龙飞去，半个天空都是闪耀的猛龙身影。

精灵小红鲤鱼飞在这片水域，借助冲天大浪，一跃过关，化龙而去。小鲤鱼们群情激奋，加大跳跃力度，虽然总难如愿，但是仍然坚持不懈。

一条遍体鳞伤的小鲤鱼悲伤地叹道："看来我们没有成龙的命运啊。"

一条老鲤鱼说："大家休息一下吧，根据我多年的体验、观察和感悟，所谓命和运是这么回事。"

小鲤鱼们纷纷游来，聚精会神地听老鲤鱼讲解"命运"。

探求命运密码

老鲤鱼说："'命运'这个词千百年来被神学家们蒙上

一层神秘鬼魅的色彩，其实说白了，'命'者，先天的天赋条件也；'运'者，后天运气也。先天、后天的机遇、运气综合起来，就是'命运'。天赋、性格、父母、家庭、出生地、社会关系，这些都是'命'的组成部分。机遇可以看成'运'，所谓'命运'就是这么个道理。在命运的组合中，天赋起决定性作用。天赋主要指智力、体力、交际能力、组织管理能力、开拓创新能力，以及某一方面的超人专长，成功者从小就与众不同，否则就只能与众平庸。"

"有天赋的是不是很少？"一条红鲤鱼插话问道。

还不等老鲤鱼回答，一条花鲤鱼回答："那还用说吗？如果都有天赋，都成天才了，天赋也就不叫天赋了。"

一条浑身是伤的小白鱼黯淡答道："废话，我们如果都有大黑鲤和小精鲤那两下子，早变成矫健的龙，现在正翱翔于九天，俯瞰人间了。"

老鲤鱼安慰道："不过大伙也不必悲观。你们没有超人的天赋，可能有超人的智力、超人的本事、超人的体力、超人的家庭、超人的关系、超人的外表……每人都有每人的长处和短处，关键在于如何扬长避短，在熟悉的领域里如鱼得水，这样才能不同程度地改变自身命运。"

咕噜！一只大螃蟹浮上水面，冒了个泡，呵呵笑道："假如什么都没有该如何啊？"

老鲤鱼回答："即使一无所有，也可以在一定范围内，通过自身的努力，改善命运。何况谁能真的一无所有？"

几条好学的小鲤鱼对螃蟹说："去去去！别在这里捣乱，谁像你这样，整日游手好闲，什么志向也没有。"

螃蟹挥了挥大钳说："蟹也好，鱼也罢，各自有各自的活法，我这样无忧无虑地生活，感到很幸福，这就足够了。你们自找麻烦，活得多累啊，再见。"

老鲤鱼说："螃蟹的处世态度也不是一无是处。对它来说，没有飞跃龙门的可能，上苍赐予它刚硬的躯壳，有力的爪子，可以横行生活，快乐一生。但是我们鲤鱼家族有着得天独厚的变龙可能，怎能轻易放弃？"

鲤鱼们豁然开朗，大呼道："对呀，我们怎么没想到这一点啊。"

老鲤鱼道："我接着说吧，天赋、能力、努力、机遇，组成了成功的密码，也揭示了命运的组成，告诉你到底由什么决定命运。"

小红鲤急切地问："大黑鲤飞跃龙门是因为他的天赋比我们好吗？"

老鲤鱼道："天赋只是其中一个方面，虽然很重要，但不代表因此就可以不努力了。大黑鲤从小体魄健壮，又勤于锻炼，将天赋能力不断地磨砺壮大。这次咱们一起来到黑龙潭，它积极跳跃，而且充分利用了掀起巨浪的狂风，三者结合，焉有不成功之理？"

"可是那些被虾兵蟹将带成龙的家伙们，又该如何解释？"几条遍体鳞伤的小鲤鱼气愤地问。

老鲤鱼启发道："这就是我说的超人的关系一条，这也是成功的方式之一。既然人家拥有这笔关系资源，当然会尽力开掘。事业的平台高，胜在起点，它们的运气确实比我们好。但是你必须看到，这样的成才，往往不可靠，假如关系资源失去，它们很可能现出原形。人间这样的例子实在太多了，所谓富不过三代就是这个道理。"

聪明的小红鲤说："我发现了一个有趣的现象，凡是成就大业者，多数是依靠自身奋斗而得到的，比如曾经的世界首富盖茨、华人首富李嘉诚、美国总统奥巴马等。"

老鲤鱼说："这就是资源的威力。盖茨、李嘉诚等自身具备雄厚的资源，通过有效开发，迸发出惊人的能量。而那些单凭关系资源者，因为这部分资源毕竟是有限度的，不能无限制开掘，一旦资源流失，很快就运转不灵。"

花鲤鱼说："我想起日本家长有段教育孩子自立的歌谣，其中有句——孩子不要怕流汗，流汗挣来的钱不会跑。"

老鲤鱼赞许地说："有道理，每个人都要寻找自己的资源，将事业的奶酪做大。有了丰厚的奶酪，一旦来了机遇，马上就会美梦成真。"

小鲤鱼们急三火四地问："那么我们现在应该怎样实现美好的梦想？"

老鲤鱼说："根据这简便易行的命运理论，大家认真思索一下，相信都会做出正确的选择。"

🌿 让眼睛明亮 🌿

喳喳！落在芦苇上的两只麻雀叫道："我俩会算命，给你们算算谁能飞跃龙门变成龙？"

一群小鲤鱼呼啦拥上前去，争先恐后地说："给我算算！"

麻雀说："别着急，一个一个地来。我们会各种算命法，价钱参差不齐。有风水法、八卦法、周易法、测字法、星座法、手相法、面相法，还有更神奇的名字分析法。"

小鲤鱼们一个接一个地请麻雀大师给算命。

小红鲤对老鲤鱼说:"咱俩去戳穿他们。"就游过去说道,"我俩要最昂贵、最准确的名字分析法算算。"

麻雀道:"您把自己的名字(必须是本名或者九岁以前用的名字)总笔画加起来,必须是繁体字,总笔画尾数的前后两年加尾数那一年,一共五年。这五年就是你这一波的大运。例如:您的姓名总笔画是30,尾数是0,你的18、19、20、21、22岁(虚岁)和28、29、30、31、32岁还有38、39、40、41、42岁这五年就是你的大运,以此类推。"

老鲤鱼道:"笑话!起名字带有很大的偶然性,那只是个称呼而已,能决定了什么?为什么必须是繁体字?对应不上繁体字怎么办?难道玉帝只认识繁体字?"

麻雀生气地说:"心诚则灵,你俩这样,不会得到玉帝保佑的。"

突然,"砰"的一声巨响,一片铁沙子从鱼的头顶掠过,两只麻雀身上流血,一下从芦苇上栽落下来,掉进湖水里。岸上有少年欢呼道:"爸爸,我打中了!"

老鲤鱼冷笑着说:"你们看到了吗?给人算命者算不准自己的命,刚才还口若悬河,转眼一命归西。这样的算命法会灵验吗?"

几条小鲤鱼困惑地说:"可是我们刚才感到确实很灵验啊。"

老鲤鱼道:"这就是心理作用。凡是急三火四地求卦某一问题的,肯定是这方面的失意者,算命先生极会察言观色,根据你寥寥数语,观察你言谈举止,迅速作出判断。你们都在这里急迫地想变龙,问的当然是这方面问题，自然好回答了。"

聪明的小红鲤补充道："命运是客观存在的，是天时地利人和等诸多因素交叉影响，凝聚而成的人生道路。在不了解某人具体情况的前提下，不可能以生日时辰、姓名、属相等因素推断出来。人的手相反映出健康情况，人生沧桑会在脸上流露出一些痕迹，但这都说明过去。由此可见，命运是由种种复杂因素决定的，欲测算，必须将这些因素都考虑进去，结果才会相对准确。

美国有专门的心理测试行当，将你的有关信息输入电脑，根据你的性格、能力做出评价，再提议你选择什么职业。诸葛亮未出茅庐，便知三分天下，并非其特异功能，而是他掌握了大量信息，对当时局势深思熟虑，从而作出的正确推断。每个穷爸爸都觉得无法把握命运，而花高价请神汉巫婆推算，其实毫无必要。您只要像我这样，将自己所掌握的种种资源条件作一客观全面的分析，就可以称出自己的分量，衡量出自己在这个社会的位置。

既然个人的穷富取决于对资源的拥有整合开采状况，资源的不同，决定了财富的不均等，那么可以肯定，传统算命方法的可信度近乎为零。

不考虑每人的不同资源，闭上眼睛，胡扯些'禁忌'、'相克'之类的鬼话，却偏偏大有市场。大量迷信者正好是神棍、巫婆的广阔市场，他们学了点玄学，又巧舌如簧，将求神者玩弄于股掌之上。

所以，那些故弄玄虚的所谓算命神技，注定是骗人的鬼把戏。"

老鲤鱼道："说得好，'命'里有无财，有无官，确实能估计个八九不离十，但测算方法绝不是云山雾罩、故弄玄虚的那一套，而是依据个人对资源的占有程度。诸葛亮依据的就是曹操、刘备、孙权三巨头的资源状况。算命者算不准自己的命，刚才这一幕就是个辛辣的讽刺。算命的大师们刻薄地对自己，厚道地利别人。帮人家大发财富，转好运气，当大官职，找好媳妇，养儿子，帮孩子出息，让人家长寿健康。但他们自己却一不当官，二不发大财，三也不会让自己的孩子出息，甚至还光棍一条，四来自己的身体不见好，天天看医生。你说他们何必这样高风亮节？

既然大师不想发财，淡泊名利。那么完全可以算算中国如何成为世界领袖。假如真有那两下子，他们可以把天下的财富都赚来。"

一条娇小的鲤鱼道："可是我刚才听它们说的一套一套的，有鼻子有眼的。"

老鲤鱼笑道："可用这三个词来概括——牵强附会、故弄玄虚、千篇一律。我来简评一下，这就像层窗户纸，一点就破了。

星座对应性格命运，更是牵强附会，乱点鸳鸯谱。人的性格决定命运，这与遥远的星星有什么联系？

时辰八字说。据说人出生时候，因时辰不同，对应的气场不同，所以命运不同。那么双胞胎的命运为什么会两样？

手相。看手相可以推测健康情况，但命运如何看得出？难道是神仙提前给写在手上？

摇签、掷铜钱。一次一个样，按照哪次确定？"

小鲤鱼欢快地说："中国的台湾人和香港人比大陆人更迷信。著名主持人黄安声称对中国命理之学略知一二，平时还帮助朋友看看。刚才麻雀所说的名字算运法就是黄安的发明，他举例说他那次给罗大佑这样算了一下，计算得知罗大佑当时走的是大运、好运，黄安说如果 2001 年到 2005 年之间，罗大佑不在中国火起来，他发誓吴宗宪出去就给车撞死。果然罗大佑从 2001 年起，在内地一连搞了几场极为成功的个唱，并有新专辑推出。

又是牵强，还是附会。罗老师那么有才有名，他什么时候到内地开演唱会不火啊？再说黄安不拿自己起咒，却赌咒吴帅哥，转嫁风险，何其毒也。"

小鲤鱼们奇怪地问："难得这对神汉巫婆麻雀大师，就不怕预测错了而丢丑？"

老鲤鱼说："神棍们说的是将来的事情，至少在你们下次跳跃龙门前，他就拿着钱财溜之乎也。你们跳不跳过去的，关人家鸟事情啊？这就叫期货式的算命方法。"

成功的路不止一条

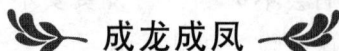

成龙成凤

小鲤鱼们恍然大悟,这些骗子,太可恨了!活该送命!老鲤鱼说:"傻瓜周围有骗子,只要我们别犯傻,骗子就没办法了。好了,现在大家根据我所说的,选择自己的人生之路吧。"

小鲤鱼们认真思索了一会儿,各自做出了选择。那些身体还受得了的,留下来,继续寻找机遇,跳跃龙门。

很快天阴暗下来,狂风大作,巨浪滔天。小红鲤率领伙伴们奋起跳跃,风助浪威,浪借风势,鱼靠风浪,形成一道壮观的风景。哗啦一声,一条小鲤鱼跃过龙门,顿时金光一闪,一条巨龙直冲天际。

"成功了!"众多的鲤鱼们纷纷祝贺。老鲤鱼笑着说:"这仅仅是开始,我们的潜力巨大,只要找对方法,前途似锦。"

"又一条,又一条!"鲤鱼门的欢呼声响彻云霄。

老鲤鱼说:"好了,羡慕人家不如干好自己的事情,虽然咱做不到成龙的鲤鱼那分上,但是可以成凤凰啊。"

一群感觉体力比较弱的小鲤鱼,在小花鲤鱼的率领下,向芦苇湖里游去。那里耸立着一道凤门,虽然没有龙门高耸，但也巍峨挺拔。只要跃过此门，马上会变成一只美丽的凤凰。

小花鲤鱼率领朋友们，一次次地跳跃。他们因为经历了黑龙潭的磨炼，武艺大长，大量的小鲤鱼飞跃凤门，变成一只只色彩绚丽的金凤凰。

享受生命

老鲤鱼率领一群体弱多病、遍体鳞伤的鲤鱼，缓慢地往小清河游去。

回家，回家。幽怨而亲切的萨克斯曲子，伴随着它们的旅程。回到温暖的家，见到久别的亲人，享受难得的温馨，这是当务之急。

一只海蟹游来，伸出铁钳，夹断一条鱼的身子，填进嘴里。鳄鱼也纷纷出动，水面被鱼血染红！一只大鲸鱼悄悄过来，大嘴一张，一大片小鱼被其尽数吸进，老鲤鱼抓住鲸鱼牙，没进鲸肚，然后奋力窜出！

幸存的小鲤鱼们在老鲤鱼的率领下，拼命地往回游。它们疲乏不堪，一路上不断地有队友倒下。水蛇神出鬼没，暗中偷袭它们。坚持住！坚持住！小鲤鱼们相互鼓励，它们心里早没了变龙的念头，只有一门心思：回家！

终于看到久违的芦苇河了！芦苇阿姨摇晃着苗条的身躯欢迎它们，河蟹伯伯率领其子孙们夹道欢迎，连年迈的龟爷爷也出来了。

小鲤鱼们伤痕累累，鳞掉大半，痛彻心腑！小鲤鱼一头扎进龟爷爷的怀里哭诉道："龟爷爷，好疼啊！"龟爷爷安慰道："坚强点，还记得《水手》那首歌吗？想成长就难免要吃点苦头。无所谓，好好养伤，重新生活。"

伤痕累累的小鲤鱼们眼含热泪，高声唱着"他说风雨中，这点痛算什么"，回到各自的洞里养伤。一段时间后，小鲤鱼开始出来玩耍了。

小鲤鱼们的伤渐渐好了，又恢复了活力，开始气浮心动，摩拳擦掌。河蟹伯伯害怕它们故态复萌，赶紧请来德高望重的龟爷爷。龟爷爷劝道："夫天地万物皆有定数，成龙成凤还是成鱼早有分晓。飞跃龙门的小黑鲤先祖乃龙宫护卫，占尽人和；家族代代相传，本领高强；此次洪水滔天，龙王施雨，机遇多多。天时地利人和皆具，故有成龙之日。尔等祖祖辈辈蜗居小河，既不识龙宫人事，又无出鱼头地之技艺，怎能和成龙的小黑鲤、成凤的小花鲤们相比？"

河蟹伯伯说："能成龙就成龙，能成凤就成凤，龙凤都不能成，那就过好鱼的日子，享受生命带来的美好时光。"

小鲤鱼们如梦方醒。其中一位疑惑，问道："既如此，那些无德无能的癞蛤蟆、乌贼们何以成龙？它们现在威风凛凛，要云有云，要雨得雨，好不快活！"龟爷爷冷笑道："天作孽，犹可为；自作孽，不可活。咱们在这小清河里安心生活，慢慢看那些作孽者的下场吧。"

小鲤们心情舒畅，安居乐业，畅游在风轻水清的小清河。

心情总有愉快时

见多识广的龟爷爷一语中的。那些蛤蟆们久居水湾，生活清苦。一日成龙，心情舒畅，发誓要把以前的日子都补回来！既把送给虾兵蟹将的礼钱捞回来，更要为子孙后代的荣华富贵做好准备！所以这些新龙们比老龙还凶，辖下百姓只要不向其进贡足够的金银珠宝、少男少女，它们就反其道而行之：你要雨水，它偏大旱三年；你要止涝，它偏给你洪水滔天。

庄稼颗粒无收，房屋倒塌，老百姓食不果腹，衣不遍体，饿殍遍地。腊月二十三，灶王爷要回宫，向玉帝汇报这家人一年来的表现。百姓们用卖儿卖女的钱，买上点礼品，供奉灶王爷，恳求它上天为民请命！望着眼前一大片跪倒哭诉的穷苦人，灶王爷心酸落泪，答应如实禀报。

神仙大会，气氛热烈，蟠桃美酒，轻歌曼舞，各路神仙纷纷报喜：玉宇澄清，万里无埃，百姓安居，四海升平！玉帝颔首微笑。东海龙王更是活跃，先长篇大论地歌颂主子英明，然后表白自己造福百姓，深受爱戴。轮到灶王发言，未曾开口便老泪纵横，跪俯在地，声泪俱下："玉帝在上，百姓苦难，天下危矣！"一五一十地汇报了真情。

玉帝疑惑道："人间何来如此多的暴龙？"龙王见隐瞒不住，只好如实上奏。玉帝大怒，拍案斥道："朗朗乾坤，怎容这等妖孽横行？无耻鼠辈难道不知多行不义必自毙的道理？"然后叫道，"托塔李天王何在？""臣在！"李天王应声而出。

"朕命你率十万天兵天将，即刻下凡，将妖龙恶兽剿灭干净！"

"臣领旨！"李天王兴高采烈，点起十万神兵天将，浩浩荡荡，杀奔下来！

哪吒三太子早就对瞬间发迹的妖龙们不满。俺在天宫寂寞清苦，尔等在人间作威作福，但也无计可施。如今奉旨除妖，当然干劲十足！脚踩风火轮，手舞乾坤圈，将妖龙们砸得落花流水，原形毕露！

残余的一些妖龙，发现风声太紧，赶紧收拾财宝，乔装打扮，潜入如来国、阎罗邦。两位国王收下妖龙送上的巨额金银宝器，将之藏好，然后挡住尾追的天兵天将。李天王回天宫求援，要求增加神兵，荡平此两国。太白金星出班奏道："不可，如来、阎罗属神城大国，与天庭并列，怎可轻易兴兵讨伐？老臣有一计，保准奏效。"玉帝采纳金星之言，任命其为全权钦差，赴二国交涉。

天上一日，地下千年，形势转变。本来二国对携财而来的妖龙热烈欢迎，但妖龙住下后，骄奢之态渐露，它们用搜刮来的财富，大兴土木，修建豪华殿堂，两国诸侯相形见绌，颇有微词。百姓发现生活用品紧张起来，价格高涨，因为被妖龙及其子孙们抬高。因收留妖怪，二国的名声变糟，地位孤立，别国不愿与之交往。适逢太白金星携圣旨降临，提出只要交还妖龙，可留下过半财产！两位国王大喜，一拍即合。

侥幸多活了些时日的妖龙们末日来临，被千里迢迢，押回天庭受审，送进太上老君的八卦炉里烧回原形，然后被转世为猪狗鸡鸭，供百姓吃肉喝血。

玉帝对龙王耀武扬威、大摆阔场十分恼火，严词痛斥，勒令其以后出宫必须轻装简从，并加派长三只神眼的二郎神君空中监控，严防水族乘机过关成龙。那些亟待成龙的水中动物们哀叹命运不济，但又不愿回去，天天在黑龙潭里晃悠，虚耗青春，那些被打回原形的虾兵蟹将们恼羞成怒，元气大伤，不久就一命呜呼。

　　小鲤鱼们那些颗躁动的心终于平静下来，在芦苇曼摇的小清河里，自由自在地愉快生活着。

从现在开始，让命运天空璀璨起来

亲爱的同学，当你被命运所困窘、折磨的时候，不要灰心，从现在开始，你要一步步地改变自己的命运。进行之前先调整心态，激励斗志。

像《不抱怨的世界》中提倡的左右手交替戴紫手环一样，我们先做太极球活动：两脚站立，与肩同宽，脚尖内扣，两手前伸，屈膝下蹲，呼气，放松，双手下按，身体自然放松下沉。然后吸气，逆式呼吸，想象自己调动全身力量，准备拼搏。身体站立后，呼气，放松，象征自己放弃包袱，轻装前进。然后再呼吸，提肛，象征积聚力量，再下沉，重复上述步骤，象征命运的波折。然后两手随呼吸自然抱成球形，象征自己整合命运。然后分别以胳膊肘向左右方顶出，另一手紧随肘底，随之打出。象征自己与命运抗争，搏击。反复重复上述动作，你会感到周身充满了活力，劲气内敛，神清目明。

从现在开始，让命运的天空璀璨起来。

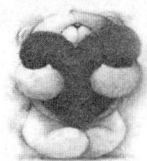

描绘决定命运天空
的七道彩虹

彩虹第一道　天赋＝登天梯

🌿 天赋是潜藏的金矿 🌿

一条弯弯曲曲的小清河，水儿清清，鱼儿漫游，一路欢歌，穿越一大片茂密黑松林，奔向西海。两旁是摇曳的芦苇，茂密的树木，绿油油的庄稼。

小河旁边坐落着河口于小学，特级教师申莉带领着一班可爱的小学生们在这里快快乐乐地度过每一天、每一节课。

班里有9位表现突出的学生，其中4位男生：海名威（绰号"大海"、"语文博士"），陈立浩（绰号"胖脸蛋"、"柔道冠军"），吴建华（绰号"小机灵"、"小帅哥"），东寿（患腿疾但精明能算计，绰号"铁拐李老寿"）；5位女生：纪德妹（绰号"小精灵"），姚云（学习委员，绰号"沈佳仪"、"稳稳女"、"乖乖女"），姚军（绰号"百灵鸟"、"歌唱家"），孙静（绰号"电脑博士"、"计算机专家"、"燕子女"），仲伟强（文艺委员，绰号"小强"）

大海最近很低沉，闷闷不乐。因其貌不扬，穿着邋遢，女生对他避而远之，而且他数学成绩比较糟糕，班干部与之无缘，他很纠结。

小精灵纪德妹善解人意，一眼就看出了他的心思，安慰他道："你的语文厉害，特别是作文，那可是一级棒！咱们的语文课代表就要转学了，你如果能接替他的位置，那也是同样光彩啊。"

几天后的语文课上，班主任申莉问道："同学们，咱们的语文课代表小陈同学转学了，谁来接替这个位置？"

同学们七嘴八舌地喊道："孙静！""姚云！""姚军！"

有的男同学起哄地喊："吴建华！"

吴建华羞愧得脸红，因为他知道自己的作文语法不通，错字连篇，让他做语文课代表真是天方夜谭。

申莉笑道："同学们积极性很高，但是这次我们要通过竞争的方式，择优录用。现在请大家写一篇作文，题目是《童趣》，不准超过2000字，下课前交卷。"

同学们奋笔疾书，人人都想露一手。很快下课铃不知趣地响起来，不少没写完的同学只得恋恋不舍地交上卷子。

申老师把作文卷拿到语文组，请几个老师协助批卷、筛选。最终海名威同学的作文卷进入老师们的视线，大家争先恐后地传阅：

"富饶的华北平原，一个静谧的沿海书香门第家，一个慈善的老太太和一个白胖的小男孩在炕头闲坐，彼此默默无语。家，孤零零地坐落在村西。孩子不合群，没有玩伴，喜欢一个人独处；喜欢一个人静静地坐在炕上，看小人书，浏览水浒三国；喜欢在寒风呼啸的冬天，依偎在火炉旁边，烤地瓜吃；喜欢盘腿坐在窗沿下，握着绳子，绳子连着院子里的箩筐，一根木棍支着箩筐，下面是麦粒，等待馋嘴的麻雀落下，钻进去。

河上边还有座小石桥，颇有江南风味，一树的麻雀黄昏时归巢。到了晚上，常有几只飞进西厢房，藏在梁缝。

小男孩拿手电一照，哈哈，它们露着白肚子，惊慌地东张西望哩。关上门用竹竿一捅，扑棱棱，它们四处乱飞，尽数被捉。

他喜欢骑小车，围绕狭窄的小院子转圈；喜欢在炕上摆弄杏核，排列成古代战斗阵型；喜欢将被子堆成一座小山，他藏在'山沟'里；喜欢到南沟沿——一个小型的水湾旁边，扔石头打鱼，叠小纸船放进去漂流。

生活优越。父母双职工，家境小康。每周房东姥姥都会给这个幸运的小男孩蒸一碗萝卜炖肉，一碗米饭。三天两头，小男孩说饿了，姥姥就会给他做鸡蛋饼。每到过年时候，家里总能飘出浓厚的肉香。

他喜欢赏雪。尽管没有红楼大观园之意境，却也自得其乐。童年的雪下得也大，大片大片地落，一落就是一宿。放眼望去，果然是'银装素裹，山舞银蛇，原驰蜡象'，尽可唤起很多诗情画意。

他喜欢跑到野外看云。那时云彩也白，也大，一朵一朵的，闲看云卷云舒，乐趣无穷。黄昏时彩霞满天，灿烂无比。

他更喜欢大雨倾盆时的那份感受。那时的雨下得也颇有诗意，电闪雷鸣，雷打得也响，那个小男孩和哥哥在东炕上玩耍，面对道道雨帘，感受身上的寒意，呼吸那份清新，朗诵自编的打油诗：大雨哗哗下／淋倒葫芦架……

河流多，鸟儿多，树木花草多，雷大，雨大，云彩美，心情爽，无忧无虑，乐而无忧。他多么希望时间凝固，留住美满温馨的一切。

那个小男孩就是我。"

"写得好！""棒极了！""能将几岁时候的情景写的如

此老辣独到，了不起！""不敢相信这文章出自海名威这个十几岁的少年之手！"老师们赞不绝口。

申莉老师将这篇作文朗读给学生们听，大家也纷纷称赞，悄悄议论道："想不到大海这小子闷不出声的，竟然还有这两下子。"

申老师宣布："根据竞赛成绩和语文组老师的研究，我班语文课代表由海名威同学担任。"

别的同学都在热烈鼓掌，但是小帅哥吴建华和姚军却胡乱拍了几下，然后低头看书。

申老师总结道："大家想一想，为什么这次激烈的作文竞赛，一向低调沉闷且貌不惊人的海名威同学能胜出？"

同学们纷纷抢答："大海用功！""大海脑子好！"而小帅哥却和旁边的同学低语："他妈妈在学校当老师，走后门，关系户。"

申老师微笑着鼓励说："正如同学们所言，大海确实用功，确实脑子好，但是你们也同样用功，同样脑子好，甚至你们比大海脑子更好，用功程度更高，为什么取得的成绩反而不如他呢？"

教室一片沉默。

小帅哥再次低声道："潜规则！"

申老师听到了，她微微一笑："有同学或许会认为大海的母亲在我校当教师，这次他是沾了母亲的光。但是同学们想想，如果大海的语文成绩一团糟，老师能让他担任语文课代表吗？那样岂不让人笑掉大牙？"

小帅哥低头沉思。

申老师接着说："我来揭开谜底，海名威同学这次作文竞赛之所以能脱颖而出，就在于他除了用功外，还有独特的天赋。"

活跃的燕子女孙静举手问道："请问老师，天赋是啥？"

申老师解答道："天赋也叫天分、天资，含义是一样的，指的是你在成长之前就具备超越平常人的某方面杰出才能。有天赋者可以在特别的东西或特殊领域具备天生的资质，如果再加上同样的勤奋和机遇条件，进而能够让他在同样经验甚至没有经验的情况下，以明显优先于其他人的速度快速成长起来。天赋与遗传基因有关，说起来比较复杂。简要地说，海名威同学的父亲文学底子好，从中学语文教师被选拔到县委宣传部，又从宣传部晋升到乡镇担任党委书记。他母亲做了一辈子教师，语文功底也深厚。海名威具备了这一良好基因。"

胖脸蛋陈立浩举手发问："报告老师，我和海名威是邻居，据我所知，他哥哥字写得好，但是作文很一般啊。"

申莉老师耐心解答："这要从准爸爸的精子同准妈妈的卵子相遇的一刻说起。这两个性细胞各自携带着23条染色体。受精的卵子就有46条染色体，每条染色体就像一个由几千个'珍珠'（基因）组成的巨大的'项链'（脱氧核糖核酸长分子），这就是人们所说的遗传基因。所有的人都具有6万个至10万个基因，一半来自父亲，一半来自母亲，位置非常准确地分布在46条染色体上。它们是遗传的信使。一个胚胎，从受孕的那一刻起，到最终长成什么样子，在某种程度上，都是基因在起作用。"

听起来有点乱，就像听天书，连一向端庄稳重而享有乖乖女美称的姚云也站起来请教道："老师，我怎么越听越糊涂了？海名威唱歌跑调，但是作文厉害；而他哥哥作文比我们强不了多少，但是会唱歌；他姐姐作文和唱歌都可以，但都不突出。他们三个都是一母所生，怎么差别那么大？"

申莉老师表扬道："云云考虑问题确实有独到之处，这也是我接下来要详细讲的问题。这个问题多年来含糊不清，很多人如坠云雾。基因有两个特点，一是能忠实地复制自己，以保持生物的基本特征；二是基因能够突变。因为基因稳定性，他姐姐均衡地得到了父母写作和歌唱基因，但是却不突出；因为基因的突变性，海名威的哥哥没有得到文学基因，但却得到了会唱歌这一基因；海名威本人则完全得到了文学基因，但没得到歌唱基因。基因可以由于细胞内外诱变因素的影响而产生突变，从而造成了生物的多样性。大家慢慢品味，别气馁，对照本人的资质，找准自己的天赋。"

同学们似有所悟，姚云说："我明白了，天赋就是一种与生俱来、与众不同的才能。"

申莉老师含笑点头。

姚军仍然闷闷不乐，小帅哥不以为然的样子。

申老师看在眼里，莞尔一笑，温柔地说："好了同学们，今天是周五最后一节课，大家辛苦一周，这个周末老师就不布置书面作业了……"

大家欢呼起来，小帅哥等几个顽皮的学生高呼："乌拉！亲爱的申莉老师万岁！"

申老师笑着摆摆手道："请别那样，我接受不了。老师的话还没说完呢，虽然没有书面作业，但是还有两项小作业：一是请大家根据老师对天赋问题的阐述，深刻思考，找出自己的天赋所在。二是周六晚有《中国好声音》

总决赛，请同学们认真地看，一个选手也不准错过欣赏，到周一时我必须检验。这就是每一位同学必须完成的作业，预祝同学们周末愉快，下课。"

寻找开掘天赋

绝大多数同学在紧张而愉快的学习中迎来了又一个星期六和星期日，心情愉悦，背着书包，叽叽喳喳地像一只只小麻雀，蹦跳着飞出校园。特别是一向有闷葫芦之称的语文博士海名威，那从来都是沉静如水的脸颊一直是笑容荡漾，就好像中了五百万大奖。

但有人欢喜有人愁。

小百灵姚军一直闷闷不乐，就像丢了苹果手机的小白领。小机灵吴建华和姚军很要好，默默地跟着，像尊保护神。

走到河口于和孟家楼两村的分岔口，小机灵建议道："军军，咱到小清河边玩会儿吧。"姚军默默地点了点头。

太阳偏西，余辉撒在河面上，就像落了一大把的碎金。两人来到河边坐下，挽起裤腿，将脚伸到河水里，舒服极了。偶尔有游过去的小鱼碰到两人的小腿上，痒痒的。

小机灵看着闷闷不乐的姚军，温柔地安慰道："我的好军军，你何必还那样伤心？不就是个语文课代表吗？就让那郁闷无趣的大海去干吧，你将来的前途一定比他强。"

姚军还是不语。

小机灵卖功道："上次选历史课代表时，老师让全班投票确定。这次选语文课代表，我以为还是和上次那样，就私下里联络了好多铁哥们准备给你投票，可谁知道老师又改变策略了，唉！"

姚军听了后或许是感动，或许是伤心，竟然呜呜哭起来！

小机灵不知所措，他试图揽住她的双肩，再轻轻地搂进怀里，像大人那样安慰她，但小姚晃动身子不让他那样。

小机灵说："别哭了军军，我爬柳树上折根树枝给你做个笛子吹，我知道你喜欢音乐的。"

小机灵像只猴子一样，嗖嗖地抱着河边的老柳树往上爬，突然他"啊"地惊叫一声，噗通掉进河里！

原来树上面的粗干上骑坐着一个人——班主任申莉。

申老师看到小机灵从树上摔进河里，大吃一惊，马上噗通一声跳进河里，拉起他，关切地问道："对不起，老师把你吓着了，你没事吧建华？"

小机灵像只落汤鸡一样，抹了把脸，说："没事，正好洗个澡，我老长时间没洗澡了。"

姚军看到小机灵的狼狈相，止住了哭声，反而咯咯地笑起来！

小机灵气恼地点着姚军说："又哭又笑，要不是为了逗你开心，俺能掉水里吗？"

申莉不好意思地说："都怨老师不好，我知道姚军一定会为没当上语文课代表的事情不开心，所以提前到这里等你们谈心。我怕影响你们说话，就爬到树上。原本打算等你们说完话后再下来，不想建华突然爬树看见我，把他吓着了，对不起你俩。"

小机灵奇怪地问道："不会吧老师，你怎么能像我们淘气学生一样爬树？"

申莉说道："你们心目中的老师是什么形象？难道老

师永远只能夹着书，抱着作业，拿着粉笔？想教好学生就要和学生做朋友，打成一片。"

小机灵夸道："这就是特级教师和蹩脚教师的本质区别。"

申老师被逗笑了，一手搂着小机灵，一手搂着姚军说道："不准拍我马屁，建华。走吧，我送你回家换衣服。"

小机灵道："先送姚军吧，你看她伤心的。"

申老师微笑道："为了区区课代表至于吗？那些只是个形式，关键是提升自身实力，否则你即使是班长又有何用？能帮助你考上名牌大学吗？能帮你进入五百强大企业吗？"

小机灵道："老师我想不明白，姚军的作文写得也很棒啊？我看她这次竞赛文章只在大海之上而不在大海之下。"

说罢，小机灵充满激情地背诵姚军的文章，当他背道"我在词汇的海洋里遨游，却寻不出赞美你的诗句，在我魂牵梦萦的故乡面前，任何语言都显得苍白无力"的时候，激动地对申老师说，"老师你听，这些语句不比海名威厉害？"

姚军害羞地制止道："求你了，别背了，我从小爱好语文，但确实是不如海名威厉害。"

申老师说："建华，你的记忆力很好，说的也有道理。这些句子确实华美，很难想象出自一个小学生之手，即使很多中文系的大学生也写不出来。"

姚军腼腆，小机灵得意。

申老师话锋一转："但是你们想过没有？这次竞赛题目是《童趣》，顾名思义就是让你写童年的乐趣，而不是着重歌颂故乡的美丽和留恋。姚军这样写是否偏离主题？精美的辞藻适当出现固然不错，但是大量使用就像给你穿着龙袍一样，华而不实了。根据作文的要求，你俩再思考一下谁的作文更有说服力？"

姚军心悦诚服："老师您别说了，我想通了。我不是嫉妒海名威，而是气恼自己啥天赋特长也没有，将来靠啥出息？"

申老师微微一笑："谁说你啥天赋也没有？老师说你有你就有。"

姚军和小机灵同时问道："什么天赋？"

申莉调皮地一笑："暂时保密，周一揭秘。"

周一的音乐课。

申莉老师问道："同学们都看了《中国好声音》的决赛了，那么我问你们，平安和歌唱家黄英对唱高音歌叫啥名字？"

同学们朗声回答："《我爱你中国》。"

申老师满意地说道："恭喜大家都答对了。那么现在哪位同学能把这首歌曲演唱一遍？哪怕是只唱几句也行？"

文艺委员仲伟强抢先站起来，要求唱。

申老师说："到台上来，拿着话筒，就像在舞台一样。"仲伟强唱了一部分，字正腔圆。同学们鼓掌，小强面带得意之色。

又有几个同学到台上唱，但是他们表演的差强人意，高音上不去，低音下不来，惹大家哄笑。

申老师说："下面请姚军同学演唱。"

姚军吃惊道："老师我没练，怎么唱啊？"

申老师坚定地说："我说你能唱好就一定能唱好，大胆地试试，来，大家给她鼓劲——综艺满天星，最亮就是你！"

同学们大声地一起喊："综艺满天星，最亮就是你！"

在师生们的嘹亮鼓劲声中，姚军走上台，奇迹出现了——

"百——"

单就这一个"百"字，听起来声震屋宇，音调似乎直上云霄，让人眼前一亮。很多同学大声叫好，掌声如潮！

"灵——鸟——

从——蓝天——飞过——"

姚军有板有眼地唱了一大段，台下欢呼声和掌声一直不断，特别是小机灵吴建华，把两只小巴掌都拍红了！

申老师点评道："以上表演的同学都不错，但是综合打分，姚军最高。她的音域宽广，音色亮，肺活量足，音准把握的特别到位。大家都听了平安的这首歌，我也没教过你们，完全是靠自己的领悟。但姚军同学初次演唱这首陌生的难度很大的歌曲就显得特别出色，而且舞台经验很到位，这就是天赋，或者说天分。我见过 3 岁多的小孩现场演唱，父母给他手风琴伴奏，随时改变音调，他进唱的音调都是准确的，我见过一个 8 岁的小孩在没听到任何声音的情况下，能够随时哼出'降 E'、'升 C'等任何音调的'1'的发音，哼完后在键盘上按下核对完全准确，这难道不是天分？"

小机灵吴建华一向对姚军感兴趣，站起来请教道："老师，你为什么一口咬定姚军一定会唱好这首歌呢？而且肯定她有歌唱天赋呢？"

申老师幽默地说："恭喜你都学会提问了。我来解密吧，我根据姚军说话的声音就断定她的音色很好，根据她平时哼唱的歌曲就能断定她音准很好，这两条是衡量一个人是否走音乐道路的关键，恰恰姚军都具备了，所以我就大胆地断定歌唱就是姚军的天赋。"

文艺委员仲伟强问道："老师，请问寻找天赋主要是在学习和唱歌方面吗？"

申莉老师回答："未必，天赋体现在各个领域。如我们的宝岛台湾著名漫画家朱德庸，25 岁的时候就红透台湾，连续红火了这么多年。2011 年 11 月21 日，2011 第六届中国作家富豪榜子榜单'漫画作家富豪榜'重磅发布，朱德庸以 6190 万元的十年版税总收入，荣登漫画作家富豪榜首富宝座。"

漫画比较好的东寿同学惊呼道："哇塞，好棒呀！将来我的漫画能达到朱德庸十分之一的水平和收入就行了。"

申莉老师继续讲解："朱德庸在学校的成绩很不理想，根据北京理工大学出版社出版的《穷人与富人的距离只有 0.01 厘米》一书揭示，朱德庸像皮球一样被很多学校踢来踢去，即使最差的学校也不愿意接收他。一开始他也像很多老师那样认为自己很笨，后来悟出不是笨，是有学习障碍，他对文字东西接受困难，对图形却十分敏感。于是他就用心于漫画事业，越画越精进，最终成为一代名家。"

博览群书的语文博士大海兴致盎然地说道："我记起来了，关于天赋，朱德庸有一段名言——'我相信，人和动物是一样的，每个人都有自己的天赋，比如老虎有锋利的牙齿，兔子有高超的奔跑、弹跳力，所以它们能在大自然中生存下来。人也是一样，不过很多人在成长过程中把自己的天赋忘了，就像有的人被迫当了医生，而他可能是怕血的，那他不会快乐。人们都希望成为老虎，而这其中有很多只能是兔子，久而久之，就成了四不像。我们为什么放着很优秀的兔子不当，而一定要当很烂的老虎呢？社会就是很奇怪，本来兔子有兔子的本能，狮子有狮子的本能，但是社会强迫所有的人都去做狮子，结果出来一批烂狮子。我还好，天赋或者说本能，没有被掐死。'朱德庸说的真形象，真有道理，值得咱们学习。"

一向自卑的姚军同学通过这次历练，歌曲唱得越来越好，名声越来越强，经常代表班级乃至学校外出演唱比赛，参加山东综艺台的《我是大明星》比赛，顺利晋级。

在这个事例的鼓舞下，班级同学都丢掉了自卑，每人都像找寻金矿一样，找准了自己的天赋，学习和生活信心十足。

帮助慢牛找天赋

别的同学乐呵呵，胖脸蛋陈立浩哭咧咧。

因为别的同学都找到了自己的天赋，而胖脸蛋没找到。

别的同学没人嘲笑，而胖脸蛋经常被人嘲笑。

这位同学脑子反应慢，学习成绩很烂，说话也不流利。别人像骏马，而他只能是慢牛。

胖脸蛋在班级乃至学校里早就成为大家的笑料，他的轶事就像大江里的鲫鱼一样多。比如有一个夏天中午，同学们都在教室里午睡。小机灵吴建华和同学说话，被独身厉害的女校长伊秀芝逮个正着，伊校长问他："吴建华你刚才和谁说话的？是和陈立浩吗?"还没等吴建华回答，陈立浩腾地站起来回答："我没和吴建华说话，我是和海名威说话的。"结果是这些说话的同学被校长赶回家去叫家长来学校处理事！海名威心里这个骂呀！

更绝的是有一次，胖脸蛋的母亲从生活费里挤出50元钱给他，让他去麦当劳吃点饭，因为他盼望已久而且经常向父母要求。小机灵的母亲"一碗水"声称自己会算命，平时靠这个不正当活计挣钱。她和胖脸蛋母亲打赌说："半个点之内，你儿子那50元钱就会进我的腰包。"胖脸蛋母亲于是反复叮嘱他："小吴妈妈要给你算命骗钱，不管她怎么说，你一定别上当。"结果"一碗水"提前在胖脸蛋出发的路上等他。看见他来后说："浩浩，我判断你的为人，你看说的对不对？"浩浩说你判断吧。"一碗水"云山雾罩地讲了一大套，最后胖脸蛋乖乖地把50元掏给她。母亲怒骂他，他无辜地辩解说："我没让她给算命啊，她说给我做判断嘛。"

他这些缺点和趣事被刀子嘴吴建华给放大，三天两头拿他开涮。气得胖脸蛋三天两头就像黑旋风李逵摔浪里白条张顺一样摔打小机灵，但是毕竟堵不住人家的嘴。

胖脸蛋忍受不了了，感觉快要崩溃了，向申莉老师哭诉。申老师先批评了吴建华的不厚道，又批评了陈立浩的粗暴，然后找个时间到胖脸蛋家去访问。

胖脸蛋的母亲接待了老师，说起这个话题，她泪流如雨！她说在怀着儿子的时候，因丈夫照顾不周而缺乏营养，她嘴馋，去买了一些不太新鲜的小螃蟹，煮的火候不够而且没蘸着醋和姜末吃，结果引发急性肠炎，险些送命！当时家里就担心这个胎儿可能不正常，险些去流产。而在分娩时又难产，医生把胎儿生拽出来，把头扯的细长！这一切毫无疑问会影响孩子的正常发育。

申老师发现胖脸蛋母亲瘦小，而胖脸蛋却像他父亲一样长得高大；胖脸蛋的父亲丑陋母亲俊俏，而胖脸蛋既长得高大又长得帅气，暗想这就是基因的优化组合。

特级教师申莉心里有底了，她安慰了胖脸蛋母亲一番，回到学校后，号召大家帮助胖脸蛋找天赋。

小机灵说这是开国际玩笑，但是其他同学仍然热心肠地开这个国际玩笑。

最先伸出橄榄枝的是享有"百灵鸟"之称的小歌手姚军同学。她仔细观察，发现胖脸蛋声音洪亮，就引导他唱男中音歌曲——《父亲的草原母亲的河》。

胖脸蛋张口不凡，唱得很有歌唱家廖昌永的味道，博得掌声阵阵。姚军进一步指点道："唱歌不是喊嗓子，要用气息，声音要沉下去。你摸着喉头，唱一些越来越高的音，如果喉头位置上升，那就业余了。你如果能通过练习，把喉头降下来，声音就会好听，嘹亮。"

胖脸蛋苦练一段时间，唱得非常到位，大家公认其歌唱水平已经名列班级前茅。

姚军兴冲冲地对申老师说："老师，我帮助陈立浩找到天赋了，他完全可以在唱歌事业上出息。"

申老师高度赞扬姚军的友爱精神，请陈立浩在全班和仲伟强、姚军等几个唱歌好的同学比赛。

陈立浩一曲《在银色的月光下》，声情并茂，博得掌声阵阵；一首《草原上升起不落的太阳》，慷慨激昂，喝彩声此起彼伏！

不少同学都称赞陈立浩的歌唱得好，海名威说这就是胖脸蛋的天赋。

申莉老师首先肯定陈立浩同学有自身闪光点，不必自卑，别的同学不要嘲笑和看不起他，然后循循善诱地分析道："要想判断一个人是否具备歌唱天赋，首先要看歌唱者是否能够唱准音不跑调，这是最起码的标准，再美丽的音色如果是唱出跑调的歌，会让人很不舒服。其次，就该是音色，这是与生俱来的。我推荐同学们听听 2012 年星光大道总冠军安与骑兵组合中安的歌声，清冽如水，婉转动人。"

"他俩比咱姚军差远了！"

小机灵不失时机地表扬自己喜欢的姚军。

班长批评道："小吴别插话！"

"第三要看歌唱者的音域广不广，一个擅长唱歌的人音域必须非常宽广，那样才能够使音乐更具有表现力。大家听听帕瓦罗蒂演唱的《今夜无人入眠》、韩红演唱的《青藏高原》、平安演唱的《我爱你中国》等就可以领悟这点。别的先不说，单就这条来看，陈立浩同学的音域还是难以达到应有的宽度。所以就唱歌而言，你只是比普通人强，但离歌唱天赋还很遥远。"

"老师，那应该怎么办？如果我下苦功夫练习会不会解决这个不足？"胖脸蛋急切地询问。看到自己这唯一的亮点也被老师否定，他心里十分焦虑。

申老师答道："办法有两个：一是做声带手术，二是苦练美声发音基本功，但是你是否值得这样做？"

胖脸蛋坚定地回答："这两条我都去做！"

申老师笑道："下一节是体育课，这事很快就会有答案。"

申老师选择在市体育馆进行体育课，而且亲自带队。

开始时候，申老师让同学们练举重，多数女生望而生畏，男生也没有几个能达标。

陈立浩脱光外套，露出小背心，大步走进场地，只见他毫不费力地举起别的同学望而生畏的杠铃，举过头顶，还不断要求加重，再加重。

全场喝彩，很多女生不住声地高喊——"浩哥加油！"

申老师说大家不要急，精彩的还在后面呢。

接下来进行柔道学习。申老师说我们很荣幸地请来国家队的著名柔道运动员给我们做指导，大家一定要珍惜这难得的机会，认真学。

高大健壮的柔道队员讲述了基本要领，并做了几个示范动作，然后请同学们练习。

做这样的活动，女生劣势顿显，她们做的柔道动作只是象征性的。申老师不断地为女生们加油，柔道老师轻轻地摇了摇头。

男生表现的稍微好一点，但整体上还是不得要领。

到了陈立浩上场，奇迹再次出现：

陈立浩似乎早就会这套动作，运用的驾轻就熟，像拧面扣一样，将对手同学轻而易举地摔倒，制伏。

叫好声一片，柔道老师也情不自禁地鼓掌！

申莉老师脸上像开了一朵鲜花，笑容满面！她激情澎湃地总结道："大家都看到了吧？什么叫天赋？这就是！陈立浩同学轻而易举地做到别人费尽九牛二虎之力也做不好的事情，这就是天赋！全体同学都是第一次接触柔道，绝大多数同学今天学得不理想，但是咱浩浩轻松地吸收，娴熟地运用，这说明你在力量方面有得天独厚的优势，你要做的就是将优势发扬光大，取得越来越大的成绩，对吗？"

胖脸蛋用力点头。

申老师又笑着问:"你还去做声带手术吗?"

大家哄笑个不停,但陈立浩同学没笑,而是郑重地对着远去的申莉背影深深三鞠躬!

根据天赋做适合的事业

上课。

申莉老师问道:"大家谁知道宋徽宗?"

姚云站起来回答道:"宋徽宗赵佶是北宋第八代皇帝,亡国之君。"

申老师赞道:"回答正确,姚云不愧为学习委员,懂得多。赵佶是艺术天才,过百日时小手就去抓毛笔,两三岁时就会写字,七八岁时写的字就比大人好,十四五岁时写的字比书法家都好,他创立的瘦金体前无古人后无来者,我们公文和写作使用的仿宋体就是,大家可以百度一下他的作品。别人怎样努力也达不到他的高度,这就是我所讲的天赋。"

"就像海名威那样的天赋!"小机灵调皮地插话道。

"说得好。"申老师对小机灵的插话一点也不生气,"我现在要请大家思索的是,为什么这样一个拥有超级天资的艺术家,竟然会把繁荣的北宋帝国拖进毁灭的深渊?"

人缘极好、温柔和气的燕子女孙静站起来回答:"宋徽宗政治上重用蔡京、高俅等奸臣;经济上劳民伤财,建造了万岁山等大批工程;外交上频繁发动战争,最后惹怒金国,女真大军蜂拥而来,北宋内外交困,最终亡国。"

申莉老师鼓掌道:"恭喜你都学会归纳了!孙静对电

脑研究深，从网络上学的知识多。姚云你要努力啊，别让孙静超越啊。"

姚云使劲点了点头，心想孙静这丫头一直想竞争学习委员这个位子，我一定不能让她得逞！

申老师又进一步启发道："大家再深入考虑下，为什么宋徽宗艺术上取得如此惊人成就，但做皇帝却一塌糊涂？"

大家紧张地思考。

一向沉默寡言的胖脸蛋陈立浩突然勇敢地站起来回答："宋徽宗在艺术上确实有天赋，但是却没有做皇帝的天赋，他是个杰出的艺术家，但又是个失败的国家领袖。"

申老师高兴地鼓掌道："奇迹，我们班不停地出现奇迹！谁说陈立浩同学脑子反应慢？事实证明他很优秀，希望继续努力。宋徽宗的天赋用错了地方，否则历史上多了超一流的书法家和画家，少了一个亡国昏君。可见忽视了天赋做不适合自己的事情，不仅浪费时间和精力，还会造成其他方面的重大损失。"

同学们顿悟。

申老师话锋突转："大家希不希望做宋徽宗？"

同学们雷鸣般地回答："不希望！"

申老师出人意料地说："不希望不等于没有，事实证明在你们当中，有人正在做宋徽宗！"

大家面面相觑。

申老师问："大家想想是谁呢？"

小机灵指着胖脸蛋陈立浩说："老师准是说你的，你脸白，宋徽宗皮肤像凝固的牛奶（肤如凝脂），鼻直口方，奶油小生，嘿嘿。"

胖脸蛋生气地回击道:"你才是宋徽宗!你喜欢女生,天天泡在一起,和那荒淫昏君有一比!"

哄堂大笑。

小机灵想作弄胖脸蛋不成,反而被人家强力反击,把自己弄了个大红脸。

申老师制止道:"大家别胡猜了,谜底我很快就揭开,宋徽宗自己也会暴露。你们先自己考虑吧,每人都要对号入座,不可大意。"

这天是教师节,申莉老师激情洋溢地对学生们说,咱学校德高望重的退休老教师仲跻清过些日子要过八十大寿,咱们要给她老人家祝寿以表达敬意,到时候从你们当中选取几个代表,请大家精心准备,不提倡破费,要文雅新颖。

经过激烈的比赛,海名威、陈立浩、仲伟强、吴建华、东寿、纪德妹、姚云、姚军、孙静胜出。

金秋十月的一天,申老师领着他们来到仲老师家,祝贺老人家八十寿辰。

寿宴开始后,申莉先代表教师们祝老前辈健康长寿,仲老师深表感谢。酒过三巡,菜过五味,一班学生开始展示自己的"礼物":姚云等女生给仲老师买了小熊、布娃娃之类的小礼物,小强给仲老师跳了一段拿手的拉丁舞,胖脸蛋给仲老师买了一个硕大的生日蛋糕,强调这笔钱是自己从父母给的零花钱里节省出来的,请老奶奶别介意。

大家把目光都盯到海名威身上,知道这个语文博士总是喜欢别出心裁地表现自己,这次他一定会使出必杀技来一鸣惊人的。

海名威鼓起勇气站起来,诚恳地对仲老师说:"仲奶奶，虽然写作演讲朗诵是我的三大强项，但是今天我想尽力而为，挑战自己的弱项，献一首歌曲——三国演义的片头歌《滚滚长江东逝水》给您，祝愿您老寿比南山，福分就像那长江水一样滔滔不绝。"

仲老师高兴地说：　"太好了，你这份礼物我最喜欢了。"

大海这表现出乎其他同学的意料，只有申老师脸上露出一丝不易察觉的笑容。

海名威站起来后，突然感觉脑子一片空白，练了两三年的拿手歌曲突然变得好像不会唱了：

"滚——滚——长江——东——逝——水"

他一开口就感觉坏事了，声音干涩，发飘，一点没有圆润感，平时练得那样得心应手，关键时刻怎么了？

仲伟强笑得弯下腰，小机灵捂着嘴笑个不停，其他人总算给语文博士个面子，没笑，至多是微笑。

大海总算硬着头皮唱完，而且还省略了副歌部分，如释重负，像是完成了海量的作业。

仲老师热情鼓掌，感激地说谢谢，然后又开诚布公地说：海名威，你的好意我心领了，但是你确实不适合唱歌，五音不全，最起码的1234567这七个音你都咬不准。

旁边的仲老师亲戚"吹破天"多年来一直坚持吹奏笛子和萨克斯，精通声乐。他粗略地评价道：音色不错，只是有点走调。

"铁拐李老寿"深受启发，他说："你们不唱了？看我的吧。"他一首接一首地唱个不停，虽然高音上不去，但是音准节奏把握的让别人挑不出毛病。本来海名威见不上他齐啬小气坏心眼多的样子，今天想露一手镇镇他，但却弄巧成拙，让人家露脸。

申老师点评道："唱歌看起来简单，其实也是很专业的学问，包括怎样运用气息、用嗓、口腔共鸣、吐词、节奏、情感、舞台经验等。你和多数不会唱歌人一样，发声很平，就使用平常说话的位置也就是嗓子发音，听起来声音发'白'，没有色彩，没有过滤。你希望能像大衣哥朱之文那样歌唱，就要苦练气息。"

几个同学伸出舌头，"唱歌还这样复杂啊"？

仲老师讲解道："你们如果练美声就应该以小腹为根源，想象声音透过后脊梁到脑后，到口腔后根，整个声音应该是竖立的，靠后的。比如你咬一大口苹果，将上牙齿露出，当你一口咬下去时候，发出'嗯'的声音，感觉声音在口腔后部和鼻腔上部的位置，这就是美声发声的一个共鸣点。接下来你要把气息下沉，膨胀小腹，你一定会感觉声音比以前大了很多。"

"吹破天"接着补充道："还有肺活量问题也是唱歌关键所在。优秀歌手唱歌需要特别大的肺活量，否则当你演唱一些很长、不换气的歌曲，唱完后就会面红耳赤喘粗气。为什么年纪特小的和特大的人唱歌很难出众，原因就在这里。"

申老师继续讲解："优秀歌手发出的声音应该是竖立的，而不是扁平的。还要有共鸣感，声音通过胸腔或胸腔以上的共鸣后，会显得圆润、通透。"

小机灵做了鬼脸，"乖乖，唱歌比数理化还麻烦，所以我就不唱了"。

燕子女孙静总结道："所以，大海你还是别唱了，你朗诵演讲都是一级棒，唱歌没那资质。"

大海不服气地说："我会狠下功夫的，大衣哥不是说了嘛，只要人行得正，站得直，下了力，有本事就能成功。"

申莉笑着说："我就知道你会这样想，这也是长久以来教育误区和励志盲点。人们都以为只要多下功夫就能成功，却忽视了是否适合这个专业问题，结果导致事倍功半。大衣哥确实这样说过，但是你推敲一下，人家说'行得正，站得直，下了力'并不能一定让你成功，还要'有本事'才能成功，而不是单单下了力。这个'有本事'我理解就是具备这份资质，还要争取抓住机遇等。"

大海说道："那只是你的理解。"

同学们群起而攻：　"海名威怎么可以这样和老师说话？"

申莉一笑："没什么，不用客气，师生平等嘛。陈检察官，你不是采访大衣哥多次，还出版了《梦想成真——大衣哥传奇》吗？你来给海名威讲讲。"

陈检察官拿出手机说："我直接打电话给大衣哥，让他来讲是不是更有权威？"

满座皆惊，大家吃惊地问道："你还可以直接和大衣哥对话？"

陈检察官自豪地说："当然，我们一见如故，成了好友。这个当今最红歌星平易近人，何况我们还是老乡。"

电话通了，陈检察官问道："请问您是朱之文老师吗？我是检察官作家陈检察官。"

电话里马上传出"你好，你好"的声音。

陈检察官问道："我这里聚集着一群少年朋友，他们特喜欢唱歌，您能否给他们说说怎样才能像你那样成功？"

电话里传出大衣哥热情的声音："只要多下苦功，常年坚持，就一定能成功。"

陈检察官连忙问道："如果五音不全也能成功吗？"

海名威急切地探着脖子听，像是探听高考成绩的学子。

但是手机里传来的却是斩钉截铁的回答："那不行。就像盖房子一样，是大梁就当大梁用，是椽子就当椽子用，这事不能含糊。"

海名威像泄了气的皮球，神情低落。

小机灵冲他做鬼脸。

申莉说："大海，你的天赋在文学方面，唱歌方面不仅没有天赋，甚至比普通人还弱！不信你听陈立浩唱一段，或者吴建华唱一段，对比一下就知道了。你完全应该扬长避短，做自己擅长的事情，而不应该像宋徽宗那样，做自己不擅长的事业，最终造成重大损失。"

小机灵说："啊哈，原来老师说的宋徽宗就是你啊，太对了！老师，您是怎么断定海名威就是宋徽宗的？"

申老师笑道："我家访的时候，听大海的母亲说他经常苦练大衣哥的歌曲。而且在下课和放假期间，我也听到他练习唱歌，我就判断他一定是对唱歌产生了浓厚兴趣。"

海名威像吃了苦胆一样，苦着脸叹道："唉，别提了，这首歌我练了快三年了，怎么还是跑调？"

一直对大海很宽厚的历史课代表姚云抢先回答："宋徽宗做皇帝都快 26 年了，一直没长进。"

仲老师总结道："每个人都要找准天赋，做适合自己的事业，前景无限辉煌。"

小机灵揶揄海名威道："打倒昏君宋徽宗！"

女生们一起喊："宋——徽——宗！"

海名威很尴尬，面红耳赤。

胖脸蛋展示块块结实的肌肉，对海名威说："我来保护你，谁再喊你宋徽宗我就让他满地找牙！但是你要把珍藏的《莫言全集》借给我看到毕业。"

仲伟强和姚军用银铃般的嗓子喊道："索贿犯胖脸蛋，羞羞羞！"

大家哈哈大笑，感觉今天收获特别大。

珍惜爱护天赋

期中考试结束了，快要放暑假了，学生们心情愉悦。小机灵和姚云等几个好朋友放学后来到小清河边，把书包挂在树枝上，赤着小脚丫，在河里摸鱼，捉小蟹。

大家都很快乐，但是能歌善舞的文艺委员仲伟强却闷闷不乐地坐在河边，眼神呆滞，愁容满面。

小机灵悄悄走过去，"嗨"地拍了她一下。如果是搁原来，小强总能莞尔一笑，嗔怒道："讨厌！"

但是这次却像植物人一样毫无反应。

小机灵奇怪地问： "大家都玩得开心，你这是怎么了？"

小强苦恼地说："我家不让我再练习跳舞了。"

小机灵惊呼道："那怎么行？前些日子你不是还在区里举办的青少年舞蹈大赛中获得亚军？再不练了太可惜了！"

大家都围上来，七嘴八舌地问道： "怎么会这样？""你惹父母生气了吗？"

小强说："我爹妈嫌我学跳舞影响学习，参加舞蹈学习班花费太大，家里承受不起。"

孙静家境丰裕，慷慨地说："要不这样，这次暑假舞蹈学习班的 3000 元费用由我负责给你筹措，你什么时候有钱什么时候还我。"

胖脸蛋说："那永远没钱就永远不用还了？"

姚军说："柔道冠军也学会脑筋急转弯了。"

海名威沉思道："静静真是温柔善良的好姑娘，但俗话说救急不救贫，你能帮了小强一时，帮不了一世。我们必须想个办法，让她父母转变观念，支持她学习舞蹈，这才是正道。"

小机灵一拍胸脯，慷慨激昂地说道："这个历史性的重任就交给我吧！"

海名威疑惑地问道："你凭啥能搞定这事？"

小强说："你吹吧，我叔叔、姑父他们都去劝俺爹妈，都没扭转过来，你比他们还强悍？"

小机灵扬扬得意地说："我是谁啊？摆不平的话，我趴下让你们骑大马！"

学习委员姚云谨慎地问道："咱是不是先汇报给申老师，由她决定？"

小机灵不以为然："现在不是讲素质教育吗？咱学生的家庭纠纷都需要劳驾老师的话，还有点素质吗？就这样定了，申老师一定会嘉奖本少爷的。"

胖脸蛋勇敢地说： "够爷们！本大侠愿意保护你前往！"

小机灵笑道："干吗？你以为去打架啊？不需要你这相扑大师出马，我只需要姚军美眉协助即可。"

姚军在路上问小机灵道："我也不会说不会道的，你拽着我去干吗?"

小机灵说:"不需要你说,你只要扮演一会儿沈佳仪即可,思想工作由本帅哥去做。"

姚军说:"不是公认的姚云像沈佳仪吗?"

小机灵说:"还是你更具备沈佳仪的气质,除了脸上少了点雀斑。一会儿你就负责用圆珠笔戳。"

姚军说:"我哪里好意思用圆珠笔去戳小强父母后背?"

小机灵说:"你可以用戳他家猫咪的鼻子代替。"

到了小强家里,正碰上要外出的小强母亲,他俩说明来意,小强母亲说:"这事俺不懂,也做不了主,你们去和她爸说去吧。"

两人进了屋里,小强爸老仲正抱着猫咪看电视,看见他俩来了后很高兴,招呼上炕坐,又拿点心给他俩吃。

小机灵说:"大叔您别忙活了,我们听说您不想让小强去学习舞蹈了,是吗?"

老仲在村里是个比较有文化的"70后",声望很高。他说:"是啊,一个小学生,还是个女娃,不好好学习,去唱啊跳啊,有个啥子前程?还要祸害家里那么多血汗钱,真是劳民伤财啊。"

"幼稚!"姚军版的"沈佳仪"用圆珠笔狠戳了猫咪鼻子一下!正在闭目养神的猫咪一激灵,睁开眼睛。

老仲没听懂,疑惑地问道:"肉吃?这年头上面的政策好,老百姓天天有肉吃啊!"

小机灵笑得差点岔了气,说:"大叔没看台湾畅销书作家九把刀的《那些年,我们一起追的女孩》吗?人家说你'幼稚',不是'肉吃'!"

老仲恍然大悟，点着他俩说："好呀，敢这样说你大叔，看我不抽你们的屁屁！你们这些娃子，不当家不知道柴米贵，光知道学舞蹈，你知道要花费多少钱？小强这次准备参加的海滨舞蹈学习班需要学费3000元，此前我们给她入了几个学习班，还请了舞蹈老师辅导，总计花费一万多元了！但是我们得到了什么？不就是跳舞比赛得奖的几个奖杯和证书吗？也不顶吃不顶穿的。"

姚军版的"沈佳仪"又用圆珠笔戳了猫咪的小鼻子一下，鄙视地说："幼稚！"

猫咪瞪她，不明白自己为什么会被这个陌生女孩虐待。

老仲赶紧抚摸着猫咪鼻子，心疼地说："你老是捅我的猫咪干啥？这可是波斯猫，好几百元一只呢！"

小机灵恍然大悟，说道："我明白了，您不让小强跳舞，说是怕耽误学习，其实那不是主要原因，你是嫌花钱！大叔，我问你句，你能花费几百元买只波斯猫，为什么不能再增加2000多元，让小强去学一暑假的舞蹈呢？"

老仲振振有词地辩解道："话可不能那么说，我花巨款买的这只波斯猫，可以使我心旷神怡，但是花费那么多的钱给小强，让她蹦跶一个假期，投入产出不成比例啊。"

姚军版本的"沈佳仪"又用圆珠笔戳了猫咪鼻子一下，"幼稚"！

猫咪受不了这样持续的攻击，嗖地一下跳到老仲大腿上躲藏起来。

小机灵说："现在您投入钱财让小强去学习舞蹈确实是看不出多少效益，但是几年后呢？十几年后呢？你会得到无比巨大的收益。比如2013年央视春晚新主持人——'85后'美女李思思。她是2004年考入北京大学，2005

年以大一学生的身份靠着自己聪明才智和出色的发挥，一举成为央视三套《挑战主持人》节目史上第一位八期女擂主。"

姚军补充说："从此李思思受到了央视关注，就开始了自己的主持之路，主持的节目主要有《挑战主持人》，2011年开始主持《欢乐英雄》，最终走上央视春晚的辉煌舞台。大叔，你难道不想让小强成为李思思那样的成功者？"

老仲垂涎欲滴："太想了，我做梦都在想啊！"但随之脸色又黯淡下来："但是仲伟强和李思思，哪里有可比性啊？"

小机灵说："有一定可比性。她俩都长了一张瓜子脸，经典的美女形象。虽然小强身高不如思思，但别忘记小强才十几岁，还会长个子的。她俩的体型都很相似——杨柳细腰，婀娜多姿。所以她俩在外表上很相似，这说明小强具备了做舞台明星的外在条件，这是别人想得而得不到的天赋。"

老仲乐开了花："继续说下去，小家伙。"

小机灵说："李思思连续荣获央视三套《挑战主持人》节目八连冠，成绩不是靠临时突击，而是从小开始的知识和能力的积累。我看过李思思比赛的视频，她能歌善舞，知识渊博，谈吐风趣，与别的选手相比，鹤立鸡群。她出生在一个普通的家庭，但父母很有远见，不断培养她进步。她1986年出生，从小就受到良好的教育。2000年，父母送她参加著名导演张艺谋拍摄的《幸福时光》女主角挑选，老谋子亲自主持面试。虽没如愿，但父母继续支持，她本人也坚持不懈地努力。如果她父母也像您这样短视，还会有今天家喻户晓的央视美女主持人吗？"

姚军总结道："孩子有天赋是难得的好事，做父母的要爱惜和培养才是，既为了孩子的前景，也为了父母的将来。但你现在心疼那点钱财，万一耽误了孩子本应美好的前程，你难道不得后悔一辈子吗？"

老仲一拍大腿，感叹道："我真是幼稚啊！看事情还不如你们学生娃子有眼光。但是这笔费用确实不少，我家现在就靠我挣的这点钱维持，唉！"

小机灵一拍胸脯，坚定地说："钱不是问题，只要您老答应小强去参加学习，费用的事情，我们班里解决。"

老仲连声答道："同意，坚决同意！答应，坚决答应！"

英雄美人凯旋归。

吴建华和姚军手挽手，肩并肩地回到小清河。伙伴们焦急地等待着他的音信，看见他俩，纷纷询问。

小机灵兴高采烈地说："搞定了。"

但是大家听他说负责解决小强舞蹈班学习费用时候，又都泄了气。

小机灵说："你们听说这样一个故事吗？一个智者想把一位乡下青年带到大城市，青年的父亲不同意。智者说如果我让他担任世界银行副总裁呢？青年父亲当然同意了。智者领着青年到世界银行，对总裁说，让他担任副总裁吧。总裁不同意，问你谁呀你。智者问如果他是洛克菲勒的女婿呢？总裁同意了。智者又带着这青年到了洛克菲勒家里，说让他做你的女婿吧。洛克菲勒不同意，说你谁呀你。智者问如果他是世界银行的副总裁呢？洛克菲勒同意了。"

大家如坠雾中。

小机灵说："走吧，到了那里你们就都明白了。"

开办暑假青少年舞蹈培训班的是个刚获得全国青少年舞蹈决赛季军的小伙子，长得身高腰细，经典的小帅哥。他问："你们是来学舞蹈的吧？很遗憾，名额已满。"

小机灵说："如果我送个未来的舞蹈冠军给你呢？"说罢，他指了指仲伟强。

小帅哥看了小强，顿时眼前一亮："嗯，是个好苗子。我收下了，交3000元学费，开始。"

小机灵："很抱歉，钱没有，但是可以用别的形式补偿。"

小帅哥冷冷地回复："我不需要别的形式。"

小机灵满怀信心地说："我领的这些同学，个个身怀绝技。我们的姚云同学，可以给你的学员们额外补习文化课；我们的姚军同学，可以额外地教你的学员们唱歌；我们的孙静同学，可以额外地教你的学员学计算机；我们的海名威同学，可以额外地教你的学员如何写作文；我们的陈立浩同学，可以额外地教你的学员练柔道。所有这些都不收费，一定会使你的培训班如虎添翼，声名鹊起，难道还不值小强那3000元舞蹈学费？"

小帅哥听入迷了，高兴地一拍吴建华肩膀说："真有你的，成交！"

小强深深地冲小帅哥鞠躬。

回家的路上，小强热烈地拥抱着小机灵，深表感谢。

小伙伴们扯着手，唱着歌，蹦蹦跳跳地回家了，迎接灿烂的明天。

做大做精天赋

申莉老师聚精会神地批阅作文。

她发现个问题：最近班级里很多学生的作文水平突然有了飞跃，无论是立意还是语言结构，都快到了无可挑剔的地步！而且还高度雷同，这是什么原因呢？

申老师很快就把目光聚集到一个人身上。

她叫来了燕子女孙静，温和地问道："孙静，你这次的作文是谁替写的？"

孙静一脸无辜："我自己写的啊。"

申老师笑着问："你能把作文大体背诵上来吗？"

孙静脸红，说："背诵不上来，太长了。"

申老师又出绝招："那么你在作文中用什么修辞来比喻垂柳的？"

孙静没想到老师出此绝招，顿时熄火。

申老师得意地说："不知道吧？你写的是'婀娜的垂柳就像亭亭玉立的少女'，而且班里还有很多学生也是使用这句话，这说明了什么？"

孙静生气地说道："这个大海，他说的是专门给我写的，结果又移情别恋！可惜了我那个78元的U盘啦！"

申老师批评道："你以为这样很有意思吗？即使这次我不识破你，你能一直这样凑合到高考、糊弄到大学甚至工作岗位吗？"

孙静难为情地说："对不起老师，我错了。"

申莉笑着拍了拍孙静道："我就知道小孙是个好孩子，知错就改就是个好学生。你去把姚云给我叫来。"

姚云是学习委员，别的课程都比大海要好，唯独语文略逊一筹。她心里不服气，一直在努力超越，当然不会掉价地去请他代替作文。申老师请她是要完成一项独特的任务——批评劝说海名威：别骄傲自满，更不能代替别的同学作文。

申莉老师考虑到海名威性格内向，自尊心强，不愿意让别人说个不字，担心老师直接出面批评他或许接受不了。

这就是特级教师和普通教师的区别。

姚云无论是相貌肤色还是气质，都酷似《那些年，我们一起追的女孩》中的沈佳仪，只是比后者发福了点。

她来到大海家中，大海正在写作文。

"沈佳仪"问："海名威你在做什么？"

大海回答："写作文。"

"沈佳仪"问："替谁写的？"

大海故作镇静地回答："我自己的呗。"

"沈佳仪"不屑一顾："幼稚！"

"沈佳仪"又问："自从上次老师让你担任语文课代表后，你是如何进一步升华天赋的？"

大海说："看看课外书，写了一些作文呗。"

"沈佳仪"鄙视地回答："幼稚！"

大海嘲笑道："九把刀是不是应该请你去担任女主角啊？可惜人家只看好陈妍希。"

"沈佳仪"严肃地说："语文博士，自大一点就是个啥字来着？你以为自己有了点文学天赋就以为老子天下第一了吗？夜郎自大！"

大海问道："那你说我该怎样？"

"沈佳仪"说，我们班干部组织了一场访问，你看看人家是如何做大做精天赋的。

申莉老师管的这个班就是这样的牛，班干部可以组织活动，即使小学生也不需要老师带领。

他们一行人来到著名作家张炜创办的万松浦书院参观访问，做小记者。

万松浦书院位于龙口市港栾，坐拥万亩黑松林，面向滔滔渤海，芦清河从它身边汩汩流过，汇入东海。

野兔穿行草丛，松鼠跳跃枝头，野鸡飞翔林间。小记者们参观了室内布置后，来到外面，席地而坐，畅谈感受。

"沈佳仪"主持谈论会，她切入角度很新，有条有理地说："张炜1955年11月出生，祖籍山东栖霞，生于山东龙口，整个童年时期都在海边林场度过。"

"多幸福啊，我真想现在能生活在那样风景秀丽空气清新的世外桃源。"海名威插话道。

"沈佳仪"接着说："十四五岁的时候，张炜开始迷恋文学，模仿徐志摩，写了很多诗歌。读高中的时候，就写了大量的小说、戏剧和散文。要想下笔如有神，必须读书破万卷，还要行万里路！张炜17岁的时候，做了一件壮举——身背心爱的书籍和几百万字的书稿，进入素有'胶东屋脊'之称的南部山区栖霞，采风记录歌唱，广泛交友，浪迹山间，成了当时极为罕见的行吟诗人。此举开阔了视野，积累了大量素材。大海你看，人家张炜学生时期就不断地做大做精自己的天赋，而你又在做什么？"

海名威有气无力地辩解说："俺不是还没到高中吗？"

"沈佳仪"用笔戳了他一下，鄙夷地说："幼稚！"

小机灵风趣地说："你这个沈佳仪用圆珠笔捅男生的前胸，而真正的沈佳仪捅的是后背。"

"沈佳仪"接着说："张炜的人生之路并非一帆风顺，他1976年高中毕业后，回栖霞参加村里的加工副业劳动，在栖霞县寺口橡胶厂当工人、技术员。他前些年燃烧的青春开始散发光和热，于同年开始发表文学作品。"

孙静总结道："文学的早熟归功于少年青春的燃烧。"

"沈佳仪"说："孙静归纳的好。我们看问题必须分析归纳，得出规律性东西，这样才能吸取营养，不断进步。

张炜自强不息，22岁的时候考入山东烟台师专（今日的鲁东大学）中文系，成为该学校的高材生，组织了'芝罘文学社'，还主编了学校唯一的一份文学刊物《贝壳》，在上面发表了大量的短篇小说和理论文章。除了张炜外，还有很多作者后来都成长为一流文学家，不止一次地获得了全国文学大奖。"

姚军感慨道："现在的中文系大学生天天都干些什么去了？有几个能像张炜他们那样热爱文学事业？"

海名威说："这就是成功的永远是极少数人的原因。"

"沈佳仪"继续讲解："张炜进入大学一年后就开始发表短篇小说，在此之前已经写了300多万字的习作草稿。他在文坛上的起步远比普通作者早，占尽先机。因为品学兼优，张炜作为优秀的应届毕业生被省组织人事部门选调到省档案局工作，从1980年7月到1984年7月这四年多的时间，张炜出版了两部小说专集，发表了大量的作品。腾飞开始了，从1984年开始，在省委领导的批示下，张炜破格进入专业写作队伍，是当时全省最年轻的一位专业作家。别忘了此时张炜还不到30岁。"

孙静补充说道"当时张炜已经两次获得了全国文学大奖。著名佳作《声音》、《一潭清水》。还有后来获得了中国青年出版社两年一届小说大奖的《拉拉谷》，以及发表了第二次获得中国青年出版社文学大奖的中篇小说《秋天的思索》，还有后来在全国引起强烈反响、获得过《中篇小说选刊》一等奖和山东省'泰山文艺奖'一等奖的《秋天的愤怒》。"

"沈佳仪"接着说："张炜年轻有为，成就突出，从1984年开始担任山东省青年联合会常委，同年被授予'青年突击手'的称号；1985年被选为全国作代会代表；1986年又被授予'山东省先进工作者'的称号；1987年出席了全国青年作家代表会，成为最年轻、最有影响、成就最大的青年作家之一。"

小机灵吴建华感叹道："张炜事业腾飞时间早，遥遥领先于同龄作家。"

"沈佳仪"接着说："张炜在30岁前就已经靠中短篇小说在国内文坛打开局面，30岁出头的时候，推出长篇处女作《古船》，反响强烈，大红大紫。天赋加奋斗，少年和青年时期的汗水，换来中年时期的丰硕成果——2011年8月20日，第八届茅盾文学奖获奖名单公布，张炜历时20余年完成的450万字、十卷本鸿篇巨著《你在高原》，通过实名投票获得了61位评委中的58票，位居第一。这是张炜多年来持续不懈地追求文学艺术的结果，他将少时的文学天赋做大做精。"

语文博士海名威突然来了诗意："我感觉从《古船》到《九月寓言》，再到现在的《刺猬歌》和《你在高原》，在张炜所有的作品中都弥漫着一种新鲜的海风的气息，里边的风土人情都有胶东浓郁的海的味道。看来我们必须生活在海边，才能写出如此清新厚重的作品。"

姚军代替"沈佳仪"用笔戳了海名威一下，问道："你可不可以不这样幼稚？"

小强惊叹："又一个沈佳仪诞生了！"

姚军激动地反驳道："海明威一生中有 22 年生活在古巴哈瓦那这个沿海城市，他说朗姆酒、雪茄烟和热带风情，赋予了他创作的素材和灵感，因而获得诺贝尔文学奖。而福克纳终生没离开奥克斯福镇这座人口不足 3 万的南方小地方，但照样是诺贝尔文学奖得主。"

"沈佳仪"总结道："今天我们很有收获，明白了一个深刻的道理——必须像张炜那样，把天赋尽可能早地做大做精做宏伟，这样你才能走向成功。如果像海名威同学那样沾沾自喜，不图进取吃老本，即使再有天赋也无济于事，最终会随着岁月流失而相忘于江湖。最天才的钢琴大师郎朗说探索人生、诠释音乐是没有止境的，他相信成功的秘诀就是做任何事都要用心去体会它，热爱它。而你在做什么？所谓的语文博士？"

大家一起用笔戳着海名威，齐声说道："幼稚！"

大海兴奋地喊道："哇塞！你们都成了沈佳仪，只有我是柯景腾，好幸福啊！"

彩虹第二道　内秀＝擎天柱

成大事者必须有内秀

社会科学课。

申莉对学生们说："今天我带你们参加河口于家中学举办的关于青少年维权岗方面的一场报告会，由最高人民检察院确定的全国检察系统优秀维权岗之一的山东龙口市检察院派干部来讲课。"

同学们欢呼雀跃。

身穿国际司法界通行的藏蓝色西服、佩戴庄严国徽的资深检察官陈检察官正在作报告。

"我院青少年维权岗围绕青少年犯罪检察工作，认真落实'两法一条例'（《未成年人保护法》、《预防未成年人犯罪法》、《山东省未成年人保护条例》）的规定，注重用社会主义法治理念指导办案，贯彻执行'保护优先'、'迅速简约'、'全程帮教'三项原则，给青少年犯罪嫌疑人以真切的人文关怀，努力发挥法律的教育、挽救功能，为他们回归社会打造了坚实的基础。"

陈检察官接下来介绍了龙口市检察院"实行保护优先原则，慎用批捕权；实行迅速简约原则，加快办案节奏；实行全程帮教原则，加大挽救力度"等贯彻"两法一条例"的先进经验。

全体入会师生都在聚精会神地听讲。

下课了。热心的学生围着检察官请教问题，还有的要签名。一个外号叫"小熊"的男生自豪地对同学说："那是俺爸爸！"

中学校长代表学校聘请陈检察官为本校的名誉教师、课外辅导员，陈检察官愉快接受，激动地说："这是我的母校，我就是从这里走出去的公务员，如今故地重游，倍感亲切。"

申莉老师不失时机地邀请："陈检察官从我们河口于小学起步，你刚升入河口于联中所写的那篇刊登在学校黑板上的作文《迈进新学校》，灵感就是源于我们小学。所以我代表本班全体同学郑重地邀请你下午去给我们讲课，这个小小要求您不会拒绝吧？"

陈检察官郑重地点头答应。

别的教师惊呼道："特级教师就是特级教师，不仅会教学，心眼也海了去了！"

陈检察官整个下午都泡在申莉班级，讲课，座谈，度过了一个愉快的下午。

傍晚放学时，吴建华对姚军耳语了几句。

姚军突然站起来说道："尊敬的陈检察官老师，感谢您给我们所做的精彩报告，给我们指明了前进的方向，我想献首您最喜欢的歌——《你是我的眼》给您，表达谢意。"

姚军唱的既好听又动情，陈检察官高兴地表示感谢，感叹道："声动梁尘，天籁之音。我虽然能出版很多书，但却不会唱歌，这辈子不能登上舞台演唱，遗憾之极。"

申莉送陈检察官出教室，纪德妹挤过去，认真地说："姚军同学歌曲唱得特好，与《天籁之声》中的许艺娜有一比。我建议放学后，我们到小清河那里，让班级的百灵鸟姚军同学给陈老师讲讲怎样唱歌，您看如何？"

陈检察官很开心地说："妙极了，那是我的母亲河，正想找时间去看看，追忆往事。"

小机灵、纪德妹等一行人簇拥着陈检察官来到小清河，河水依然不知疲倦地奔向西海。一群小鱼轻松地游过来，看见前面有人，马上机灵地钻进芦苇丛里。

"沈佳仪"姚云问道："叔叔，您大学一毕业就分配在检察院吗？"

陈检察官回答道："不是的，我因理科成绩不佳而没考大学，早早就业，分配在黄县五交化公司龙口经营组从事无线电维修工作。随着改革，原本效益很好的五交化公司日子越来越艰难，因为政策放宽，个体商店可以经营这类商品。公司给我们职工分配推销积压货的任务，按人定额，完不成者扣除奖金。我看到了危机，努力自学山东大学法律课程，通过自学考试获得大学文凭，又通过社会招考进入检察院工作至今。"

申莉老师分析道："这就是我要对你们讲的成功天空必需的第二道彩虹——内秀。"

陈检察官说道："申老师说得好。内秀不仅指一个人有内在的文化、修养、本事，更主要指的是内心聪慧，规划性强，富有前瞻性。比如俄罗斯帝国沙皇彼得一世就是富有内秀的一位帝王。他除了政治和军事才能外，还对射击、印刷、航海、造船等研究颇深，更了不起的是高瞻远瞩。1689 年的沙俄政权是一个落后的国家，落后于清朝政权，比英法德落后得更多，到处盛行着农奴制。俄国错过文艺复兴和宗教改革的大好时机。神职人员愚昧无知；文学暗淡无光，数学和自然科学无人问津。在 18 世纪和 19 世纪，西欧取得了非常迅速的发展，而俄国还在中世纪时期徘徊。这一切，彼得看在眼里，记在心里。他想改变，就想先去学习西欧是怎样强大的。1697 年至 1698 年间，彼得以一个下士彼得·米哈伊洛夫的身份，率领了一个大约由 250 人组成的'庞大的使团'，到西欧作了一次长途旅行，看到了许多平时无法看到的事物，为他随后的改革和统治奠定了基础。如果浮光掠影式的考察，那么就容易流于形式。彼得为荷兰东印度公司当了一个时期的船长，还在英国造船厂工作过，在普鲁士学过射击。他走访工厂、学校、博物馆、军火库，甚至还参加了英国议会举行的一届会议。天资聪慧的彼得尽了最大的努力学习西方的文化、科学、工业及行政管理方法，比日本明治维新时期的岩仓使团考察的还要精细。他是怎样改革的呢？请你们的学习委员继续讲。"

"沈佳仪"姚云补充道："回国后，彼得大帝开始了大刀阔斧的一系列改革——政治方面：削弱大贵族，收回军权，加强沙皇的专制权力；军事方面：改进军事设备，开办各类军事学校，建立和扩大海军；经济方面：鼓励兴办手工工场；文化教育：简化斯拉夫字母，创办报纸，建立科学院，推行学校教育；社会习俗方面：提倡西欧的服饰礼仪和生活方式。可以说，近代俄国的政治、经济、文化、教育、科技等方面的发展史无不源于彼得大帝时代，他是俄罗斯历史上最伟大的帝王。俄国的缔造是由于一个人的意志——彼得大帝的意志。有了富有内秀的帝王，这个国家就兴盛起来。否则，国家也会随着国君一起沉沦。与俄国形成特别鲜明的对照的是欧洲东部疆域上的另一重要的国家——土耳其。土耳其和俄国都是半欧洲国家。就彼得未登基以前的两个世纪当中，土耳其在军事、经济和文化上都比俄国先进。但是在1700年前后，没有哪位土耳其君主能够像彼得大帝那样认识到迅速吸取西方长处而改革开放的重要性并把国家朝着那现代化方向推进。彼得的意义就在于他能够先于时代200年认识到使西方化和现代化的重要性，他领导俄国取得了日新月异的迅猛进展，而土耳其却只是以缓慢沉重的步子艰难前行，从此这两个国家的差距越拉越大。直到进入20世纪，凯末尔才领导土耳其朝着迅速实现现代化的目标迈进，但为时已晚！俄国在工业和教育上都遥遥领先于土耳其，对中亚的控制已固若磐石。"

陈检察官继续讲道："彼得大帝并不单单是一个顺乎潮流的君主，而是一位站在时代前列的人。在20世纪的今天，大多数国家元首确实弄清了他们的国家特别是在科技方面走西方之路的重要性。但是在1700年欧洲以外的大多数人对实现西方化的好处还认识不清。伊丽莎白的知名度，特别是在西方要比彼得大得多。伊丽莎白主要是象征着其臣民的一致愿望，而彼得则把俄国带入了一个从未见过的全新方向。生活在19世纪的革命导师马克思最为褒奖的18世纪的两个伟大君主，一个是中国的康熙大帝，另一个是俄国的彼得大帝。彼得一世大帝的先见之明使俄罗斯历史发生了变化，改变了发展方向，沿着一条强盛的道路发展。但遗憾的是大清康熙不实行改革开放政策，引进先进知识，给国家和后代埋下后患。这一点康熙大帝远远不如彼得大帝。"

孙静迷惑地问道："当皇帝需要内秀，我们学生也需要吗？"

陈检察官回答道："太需要了。同学们都坐在明亮的教室，都是同样的教师教学，智商也没有多大的差异。为什么有的同学就会脱颖而出，毕业后或者继续深造，或者考上公务员，或者在别的领域大放异彩，而相当数量的同学就无声无息，平庸地度过宝贵的青春期？这就是优秀的同学有内秀，知道抓要一切可利用的宝贵时间，抓紧充实自己。平庸的同学没内秀，只知道玩得开心就好，结果万分珍贵的学生期转眼消逝，而自己除了怀揣一张硬毕业证以外，腹内空空，既无法继续求学深造，又难以跻身大企业挣高薪，更不可能进入机关事业单位，形成毕业即失业的悲剧。我四年前曾在公车上认识一位15岁的初三学生小徐美眉，她暑假期间也不贪玩，而是像平时上课那样，天天去县城参加补习班，而且是自愿去的，不需要家长逼迫。如今小徐在高中学习很好，正胸有成竹地准备高考，在初中时期的弱科已经弥补上，这就是内秀！可见内秀充足的孩子容易成功。"

申莉提示道："内秀就是正能量，可以让你克服困难，收获成绩。请大家思考一下，一会儿我要提问。"

小清河水在悄悄流淌，同学们的大脑在悄悄运转，紧张地思考——内秀是什么？我有没有内秀？

如何培养内秀

专注做大一件事

太阳快落山了，西半天晚霞灿烂。

飞了一天的麻雀回到树林，落在树梢上，叽叽喳喳地谈论着一天的收获。随着小鸟的欢唱，同学们的思路开朗了。

小机灵恍然大悟道："叔叔说得太对了！你看我们这些好朋友都有内秀——大海作文好，正在刻苦地读书作文，将来当个大作家；姚云学习好，正刻苦地钻研，提升成绩，准备升学深造；姚军歌儿唱得好，正在刻苦地练歌，准备将来做歌唱家；仲伟强的舞蹈好，正刻苦地练习跳舞，准备做个舞蹈家；孙静电脑好，正刻苦地钻研计算机技术，准备将来做个计算机专家；陈立浩体育好，正刻苦地锻炼身体，准备上体校，做争金牌的运动员。唉，可惜，我能有什么内秀？"

申老师安慰道："你的历史知识很渊博，这是个好事情。等到了初中往后，有专门的历史课。你就会如鱼得水。"

小机灵问："历史再怎样用心钻研，还能有前途吗？"

申老师说："当然了，三百六十行，行行出状元。曾有个贫困潦倒的失业者，他什么本事也没有，只是锲而不舍地研究蒋介石。后来他发表一篇关于蒋的论文，引起一位美国教授的注意，这位教授也是对蒋介石感兴趣的学者，就给他寄送飞机票，邀请他去美国参加一个关于蒋介石的研讨会。他在会上提出了很多有见识的观点，这位教授十分敬佩，留他定居讲学。后来这个落魄者成了大学讲师，娶上美国妻子，改变了命运，过上幸福的日子。"

娇小的歌唱家姚军说道："第一条培养内秀的秘诀找到了，陈检察官叔叔，您接着来吧。"

陈检察官笑着说："别那样客气了，就喊我名字吧。"

做有心人

一群麻雀飞到树林旁边的小溪里喝水，但盘旋一圈后，又飞到别处去了。

陈检察官问道："同学们，你们说说小鸟为什么不在刚才那片水域喝水？"

同学们仔细一看，回答道： "叔叔，那块地方有油污。"

陈检察官感慨地说："这就是内秀的第二条——有心。比如获得本届诺贝尔文学奖的中国山东籍作家莫言，他文学天赋极高，做大天赋的内秀更高。莫言六岁开始上学，小学五年级时遭遇'文化大革命'，此后辍学在家务农十年之久，种高粱、种棉花、割草放羊、做各种农活。这种环境很难深造文学，如果换在别人身上，即使拥有超高的天赋也可能荒芜。但是莫言却能做到自强不息，升华自己。他每天在山里，与牛羊讲话、与鸟儿对歌、仔细观察植物生长，他在作品中对大自然细致入微的描绘，乡土气息的浓郁，大量对天、地、植物、动物如神的描写，都是他这段时间记忆的沉淀！"

语文博士海名威钦佩地补充说："想写好作品必须多看书。我们现在可阅读资源十分丰富，教材、报刊、书籍、电子读物等。但是'文化大革命'中的文学资源极度贫乏，戏剧是样板戏，小说更是寥若晨星。在社会经济如此贫困、政治状况如此压抑的情况下，所滋生出的文学梦想很容易像冬日弱苗一样夭折。但是小莫言是个有心人，把村里所有的书籍都看了个遍，如《三国演义》、《聊斋志异》、《隋唐演义》……虽然数量不多，但却极大地提高了他的文学素养。"

胖脸蛋奇怪地问："他是怎么看到那么多书的？能有那么多钱给人家吗？"

大家笑他："幼稚！俗气！"

海名威说："有内秀的人没有钱照样能办成事。为了看那些书，莫言用了很多妙计，或者帮别人干活，或者用东西去交换。就这样，莫言在极其艰难困苦的情况下，巧用内秀，做寻觅文学书籍的有心人，遨游书海，壮大了自己的文学天赋，为以后的腾飞打下坚实的基础。"

陈检察官无限神往地说道："当年莫言家乡风景特别优美，村子南面顺溪河与墨水河之间都是一片低洼的沼泽地。夏天汪洋一片，芦苇丛生，野草遍地，天空鸟儿飞翔，水里虾游鱼跃。到了秋天，芦花飞舞，枯草遍野，大雁野鸭栖息，狐狸野兔出没。多么富有诗情画意，这一切给了莫言灵气。但前提必须是有心人才能吸取大自然灵气，否则只能是过往云烟。"

申莉配合陈检察官道："这是培养内秀的第二条——做有心人。大家以热烈的掌声，真诚地向传授'真经'的陈叔叔道谢，再请叔叔讲解一条吧。"

同学们热烈鼓掌，陈检察官盛情难却，又开始讲解。

做个积极上进的人

陈检察官自豪地说道："我母亲做了一辈子的教师，

我身上有教师基因。现在我提问个问题——为什么有的麻雀个头大，有的个头瘦小？"

小机灵吴建华回答道："遗传吧。"

小精灵纪德妹回答道："飞的路程远近问题吧。"

胖脸蛋陈立浩则回答："一定是肥鸟叼的食物多！"

陈检察官进一步启发道："这是为什么呢？"

胖脸蛋说："有的鸟希望多得到食儿呗。"

陈检察官兴奋地说："胖脸蛋说得好！同是一样的麻雀，有的积极飞翔，争取叼到更多的食物，收获自然多，长的肯定肥硕。同样道理，一样的大学生，有的积极上进，追求进步，奋斗得多，收获自然大，选调生的成长就是这样的道理。"

美霞感兴趣地问道："选调生主要靠托关系走后门吧？"

陈检察官回答道："你提出这样的问题可与你的美貌不相称啊。选调生是指组织部门直接到大学，根据一定条件，从大学生佼佼者中，通过考试的形式，选拔的公务员。选调生是更简捷的公务员选拔渠道，相比较社会人员参加国考，选调生显得轻松自如——不需要和社会人员竞争，考试的题目也相对简单。此前选调生都是这样的途径，以后选调生或许要参加统一的公务员考试，但总是有相应政策的。"

姚云感兴趣地问道："选调生有什么样的条件？"

陈检察官说道："选调生进机关需要几个硬件——党员、班干部、成绩优秀。有的地方要求具备其中之一二，有的地方要求同时具备三个条件。能全部达标的凤毛麟角，所以你在大学里要达到这些条件，就要求你政治上先进，学业上优秀，人缘上融洽必不可少，这需要你奋发上进，日积月累。"

胖胖的"沈佳仪"姚云说道："这就是内秀的巨大威力。当别人得过且过的时候，你暗暗地苦练苦学，积攒实力。等来了机遇，你就腾飞了。而别人却只能干瞪眼。积极上进这条内秀就像一道特别美丽的彩虹，有了她，人生的天空璀璨无比。"

计算机专家、燕子女孙静说道："我在网上查看了很多成功考上公务员的经验介绍，发现他们都很有内秀，无论是在社会上还是在大学里，他们都能认真磨炼自己的综合能力，像蜜蜂一样汲取相关知识。今天陈检察官介绍的经验，无论是前些年的招干考试还是当今的国考，优胜者都有着共同秘诀，那就是——比普通人有内秀！"

申莉总结道："你们的陈叔叔讲述了培养内秀第三条秘诀——积极上进。"

同学们一起邀请道："叔叔继续。"

做个长期勤奋好学的人

陈检察官不好意思推辞，继续讲解："公务员录取有个奇怪的现象——女性明显多于男性。大家想想这是因为什么？"

纪德妹莞尔一笑："说明女同学厉害呀！"

大海反击道："各个领域里的顶尖人才多是男性！"

美霞说道："这个现象说明女生在勤奋好学方面普遍比男生有内秀。"

陈检察官一拍大腿赞扬道："哎呀，你说得太好了！事实就是如此。我那'90后'的儿子小熊正在念大学，他的努力程度远远不如同班级女生。自从考上警察学院以来，学习不用功，考试全靠突击。他明年就要参加国考，但是平时不注意学习相关知识，寄希望于临时抱佛脚，临阵磨枪，投机取巧，焉能有胜算？国考涉及大量的政治和文史知识，要有精练的文笔，这些不是朝夕之功，尤其是写作能力，哪是短期突击就可以搞定的事情？据我所知，这样的男生占相当大的比例，而女生则相对注意这一点。"

对音乐深有研究的仲伟强补充说道："郎朗是当今最厉害的年轻钢琴家，用了30年苦功，即使现在功成名就，他每天至少要拿出两个小时练琴。郎朗在柏林师从巴伦博依姆，还定期去巴黎向埃森巴赫求教。郎朗练琴非常认真，非常投入。他心有感触地说练琴时，会把今天所想的东西包括所有的内容弹进去，把自己融化在其中，这需要非常仔细和投入，完全按照在卡耐基音乐厅演出时的标准在练琴。把所有感情都倾注到琴键上，你就能让音乐很自然地流入观众的心中。"

申莉补充道："大家注意这里有三点，一是时间上要长期，不是一蹴而就；二是要勤奋；三是要好学，热爱学习。天色不早了，海哥到我那里吃饭吧。"

陈检察官婉言谢绝。

小机灵吴建华惭愧地说："报告叔叔，我就是小熊那样的学生，以后坚决改正。现在我要去给您搞点晚餐。"说罢，他拉着小精灵纪德妹去一段河水较浅的水域，用泥土石块筑起一道简易水坝，挡住游过来的几条青鱼。小吴用折下的树枝将鱼打翻，捞出，小纪点火烧烤。

不一会儿，河边飘满鱼香。

做个学习别人长处的人

暮霭沉沉，河边小树林变得沉静起来。

大海感慨道："棒打狍子水煮鱼，野鸡飞到火锅里。小清河畔的生态环境保持的如此完美，真是难得。我们失去了很多这样的梦幻之地，而日本那里的原生态环境保护得好。"

陈检察官激动地讲解道："说起日本，我要讲的是日本人身上虽然有不少瑕疵，但是好学这点做得确实棒，学习是日本人最大的爱好！日本的妈妈全是'教育妈妈'，日本的孩子全是'博学孩子'，他们十分擅长学习别人的长处来提高自己。例如日本的炼钢技术出类拔萃，这是因为他们将世界钢铁生产的六大技术学到手并加以综合——美国的带钢轧制技术、高温高压技术，德国的连续铸钢技术、氧气吹顶技术，法国的熔钢脱氧技术、高炉吹油技术。将这么多的先进技术为己所用，焉有不强悍之理？"

申莉总结道："你们的陈叔叔又揭示了培养内秀的一大秘诀——学习别人长处来提升自己。这条很重要，比如大海的语文成绩突出，但理科成绩不理想；美霞则相反；而姚云则是取二人所长，文科理科成绩都很优秀，所以前景美好。大家想一想，是不是这个道理？"

同学们朗声回答："我们一定要比日本人还好学，将来超越他们！"

陈检察官和申莉脸上露出欣慰的笑容。

做个珍惜时间的人

夜色开始笼罩河边的小树林。

陈检察官真诚地说道："我再给同学们讲解一条，然后就要回去了，真舍不得你们！也舍不得这条陪伴我成长的小清河，可谓母亲河了。"

申莉建议道："我们点起篝火，继续神聊，尽量留住和欢享这不可多得的幸福时刻，大家说怎么样？"

同学们齐声欢呼！

陈检察官赞叹道："特级教师就是特级教师，教育方式别具一格。"

申莉笑道："别夸我了，你要是做教师也一定能成特级教师。"

陈检察官喜滋滋地对同学们说道："那是，那是。我如果是你们教师，首先要教育你们的就是——必须像爱惜眼睛那样爱惜时间，让每一分钟都过得有意义。"

申莉夸赞道："你们的陈叔叔这一点做得很棒，值得大家学习。他青春期在企业工作，那时候就利用业余时间，刻苦自学大学法律课程，拥有了文凭和知识。所以他能很好地把握考干机遇，成为国家干部。到了检察院后，他又珍惜宝贵光阴，努力写作，成长为检察官作家，既完成单位的调研宣传任务，又发表和出版了多部作品。"

姚军赞扬道："叔叔好棒！"

小精灵纪德妹羡慕地说："我老佩服你了，啥时能和你多相处，好好学学。"

陈检察官谦逊地说："这点成绩微不足道，我只是不愿意把时间用于游戏、串门等活动上而已，而超一流钢琴家郎朗那才是成功的典范。郎朗成功秘诀除了天赋勤奋机遇外，最重要的就是能够充分利用一切可利用的时间，拼命地苦学，童年用功，青年成大器，直到现在还每天至少要抽出两个小时练琴。郎朗而立之年还没顾得上婚姻大事，而有些学生现在就早涉爱河，这要失去多少宝贵的学习时间，怎么能做大事业奶酪？"

申莉归纳："内秀秘诀——珍惜分分秒秒，做大事业蛋糕。"

一直厚道的大海也怪声怪气地揶揄道："对比郎朗，某些同学做人的差距咋就那么大呢？"

纪德妹脸上飘满红云，好在夜色帮了忙。

申老师说："陈哥辛苦地讲述了那么多，这是你们在课堂上永远学不到的真知灼见。现在请大家理顺收获，自由讨论，直抒己见。"

一向沉默寡言的胖脸蛋陈立浩突然反守为攻，发表感想："内秀是不是必须内向啊？就像小机灵这样天天活蹦乱跳的，怎么能有内秀啊？"

小机灵吴建华愤怒回击："咦？你这个低智商家伙竟然敢攻击本少爷？或许将来我会比你更成功呢！"

申莉圆场道："不管内向还是外向，只要具备内秀，认真地提升自身素质，总会大有收获的。同学们一定要记住，人生天空离不开内秀这道彩虹。从明天开始，我们就要找出同学们哪些表现缺乏内秀，用你们喜欢念叨的沈佳仪名言形容就是——幼稚！"

"幼稚！"女生们指着男生们叫道。

"幼稚！我们是幼稚，但是我们的偶像柯景腾考上了新竹交大，你们的偶像沈佳仪反而落魄进了台北师范学院。"男生们集体回击。

"那又怎么样啊？这小子弄巧成拙地搞什么九把刀自由格斗赛，最终被跆拳道高手踢了个狼狈不堪，还失去了追求多年的恋人，多失败啊！"女生们再次反击。

别和女同学讲理，因为她们总是有理。

起风了，树叶沙沙响。

陈检察官和学生们一起唱歌，神聊，在风景如画的小清河河畔，度过了一个温馨终生的篝火之夜。

湮灭青春三大杀手

申莉老师很有远见地预料到学生中因存在的缺乏内秀而影响成长的三大问题，她在课堂上严厉地指出："有无形中湮灭青春的三大杀手，就潜伏在很多同学身上，大家一定要对照内秀彩虹理论，找出这些杀手加以消灭，好不好？"

同学们响亮地回答："好！"

下课后，大家谁也没考虑是什么"杀手"在祸害自己，又蹦蹦跳跳该做啥做啥了。

申莉想：靠学生自己找出自身缺乏内秀的行为看来不现实，必须由老师出马。

网 游

一向活跃的电脑博士孙静最近上课无精打采，哈欠连连。到了自习课竟然呼呼大睡，作业完成的也不及时。这一切自然逃不出申莉老师的眼睛，她在课堂上不指名地批评道："同学们，你们正处在打基础的黄金阶段，必须见缝插针地学习，像辛勤的蜜蜂那样采集花粉，才能酿出人生之蜜。但是有的同学竟然小小的年纪，迷恋网游，这完全是自我毁灭的行为！希望有这个不良嗜好的同学赶紧悬崖勒马，否则你就会逐渐地滑进深渊。"

孙静脸上露出不以为然的神色。

星期天早晨，海滨网吧。燕子女孙静和几个熬了一宿的"网虫"眼睛通红，打着哈欠，从里面摇摇晃晃地走出来，相互约定回家睡一觉后继续"作战"。

突然她心里一颤，浑身像过电：申莉老师率领"沈佳仪"姚云等班干部出现在她面前！

孙静赶紧表态道："老师，我周六刚好遇见个好朋友，我们放松一下，周日就抓紧学习了。"

网吧老板横着身子晃荡出来，很不友好地质问道："你们想干什么？不准扰乱我生意！"

柔道冠军胖脸蛋陈立浩逼上前去，保护老师。

申莉制止住他，然后不动声色地对孙静说："我给你买了早餐，走，咱到河边，边吃边聊。"

师生一行又来到小清河边，或坐或站，边欣赏河景，边聊起网游的是与非。

斯文的孙静竟狼吞虎咽地吃完早餐，喝完果汁牛奶，抹了抹嘴巴，大大方方地对申莉说："老师，你在课堂上讲述的网游危害有点危言耸听。"

其他同学一看她竟然敢向老师叫板，纷纷喝止道："孙静，你脑子进了地沟油了吗？对老师这么不礼貌！"

申老师摆摆手，微笑着对孙静说："是吗？那你说说高见，老师洗耳恭听。"

孙静像个大律师，滔滔不绝地为网游辩护："网游是天使，不是魔鬼。目前已经有百十篇论文显示经常玩网游能够增加选择注意力以及问题解决能力。网游者可以通过观察、假设、尝试、纠正错误而归纳寻找出游戏规则，从而增加对数学符号表征性质的学习，能够学习到组织策略、记忆策略以及正确的猜测；网游能够增强学生的空间能力和推理能力，在分类及推理等逻辑性方面甚至比成年人还要略胜一筹；玩网游可以拓展学生的注意力广度，在视觉空间记忆及序列记忆上强于不玩网游者；可以在网游中练习人际交往，为将来融入社会打下基础；网游还有减压作用，还有医疗作用；等等。"

歌唱家姚军等同学反驳道："狡辩，毫无道理，强词夺理，一派胡言！"

孙静不屑一顾："你们懂啥？这都是专家学者讲述的，他们不比你们有水平？"

申老师一直面带笑容地听完孙静的长篇大论，等她说完后，温柔地沟通道："孙静同学不愧为计算机专家，记忆力强悍，能记得网游这么多的好处。但是你别忘了，那些专家学者们考察对象多半是在海外，我们的情况是不一样的，不可削足适履。比如你说网游能增强孩子的空间能力和推理能力一说，来自所谓'瑞文氏测验'！学者在美国找到 5 名经常玩网游的九年级中国台北（相当于初三）的男生做测验，同时也找了 5 名同年龄但从没玩网游（或者玩得很少）的大陆学生作对比，显示网游的经验对瑞文氏成绩的提高的确有一定的正面作用。但别忘记了我国台湾那里的教育体系和方式与大陆不同，受测学生的资质与大陆学生当然不一样，所以这个实验可靠性值得商榷。"

学习委员"沈佳仪"姚云接着说："即使网游真的能增强学生的空间能力和推理能力，那有多大作用呢？我们是小学生，想成才首先要把学习搞好，否则一切无从谈起。"

语文博士海名威说道："有人说学生痴迷网游最主要的原因是寻找减压途径。我看恰恰相反，很多游戏不仅不能减压，反而增加负担，让玩者更疲惫，负担更沉重。想要减压，听听轻音乐，做做课外活动，练练书法，帮助家长做做家务，都不错的。"

就连胖脸蛋陈立浩都批评孙静道："打网游打得昏天黑地，脑子混沌，哪里还能增强记忆力？降低记忆力还差不多。"

文艺委员仲伟强的批评可就尖锐多了："一个小姑娘，整天和那些不三不四的男孩子混在一起，成了什么样子？"

孙静恼火地反驳道："男女就不可以在一个房间玩游戏了？假正经啊你。"

申老师马上制止道："好了，大家冷静探讨。上次课我已经说得很清楚了，中小学生正处在长身体、求知识的前期阶段，这段时期将决定着你未来的根基是否牢靠，能否成才的关键时期。美国学生在大学阶段思考动手能力比中国学生略胜一筹，但是小学阶段明显不如中国学生。你们的学习负担不轻，如果再分散精力地沉迷网游，那么必将错过大好学习时期，将来追悔莫及。"

孙静仍然不服气地问道："那么网游一点也不能沾吗？我认识很多高中生，他们一有时间就网游，但是成绩很好呢。"

申老师说道："这要根据各人的具体情况，如果你自制力强，偶尔玩玩，适当放松下，也未尝不可。但是扪心自问，你这段时间是适当玩玩还是无法自拔了？至于你说的玩网游学生照样优秀的情况，请问你是否有人家那样的天资？何况如果他们不玩网游的话，成绩还会更大。所以咱们有充分理由认定——网游就是挥霍青春的一大‘杀手’，对不对？”

孙静无言以对，面红耳赤。

小机灵吴建华像个作报告的老干部一样归纳道："刚才特级教师申莉同志对犯错误的孙静同学做了温和的批评，‘沈佳仪’姚云等同学也给予该同学以热忱帮助。我再补充三点——沉迷网游者不为将来着想，只顾眼前痛快；没有内涵，缺乏修养；挥霍青春，令人痛心！总之一句话——缺乏内秀。"

"沈佳仪"姚云率领其他同学齐声喊道："你可不可以不这样幼稚！"

孙静不服气地喊道："我幼稚，你们高深，我看看你们的内秀有多高！"

大家开怀大笑，笑声惊跑了树丛中的小鸟。

电　视

特级教师申莉深深地感到，同学们都很可爱，都有闪光点，天资过人的也很多。但是他们往往有这样或那样的不足，特别是内秀相对欠缺，不注意做有心人，那就很难让青春更辉煌。她必须像一位辛勤园丁，将小树苗身上的叉叉砍掉，但是又不能伤及树苗。

又是一个星期天，申老师悄悄集合除了仲伟强以外的班干部和学习骨干，对小强进行突然袭击。

小强家住在海岱仲家果园南面。申老师带领学生们穿越茂盛的菜园子，面对一片片原生态的蔬菜，大家兴奋不已，感叹这里真是可以与花果山相比的世外桃源。

小强趴在炕上，一边写着作业，一边不时地抬头看一会儿电视，里面正播放台湾电视连续剧《再续意难忘》，那曲折情节，悲情故事，吸引小强不时地观赏一会儿。

当她再次抬起头的时候，突然看见申老师带领一帮学生出现在她面前！

"申老师！"小强惊喜又尴尬地招呼道。

申莉老师问道："作业写得怎么样了？"

小强说："写了一多半，快写完了。"

申老师问："写完不是目的，你记住了吗？我提问一下，好吗？"

申老师拿起作业本，一连问了三个问题，小强有两个回答不上来，还有一个勉勉强强。

小机灵说道："这样写作业和不写没多大区别。"

申老师问道："你知道为什么会这样吗？你的脑子不错，不应该这样啊。"

小强低头说道："我不该看着电视写作业。"

申老师说道："每个家庭差不多都有电视，学生作为家庭一个成员，一点不看也是不现实的。电视对人们有巨大影响作用，一点好处没有也是不现实的。咱们学生适当地看点电视是有好处的，比如你可以看看《新闻联播》，了解一下国内外大事，学学时事政治大有好处。新闻、时事追踪报道、一些趣味性或比赛性的节目等，能够提高你的知识水平，开阔视野，给作文加点时代气息，益处很大。电视对学生的不利之处让姚云补充吧。"

"沈佳仪"姚云说道："作为学生绝对不应该沉迷于电视中，那些长连续剧太容易分散我们的精力，特别是像小强这样边看电视边写作业，一心二用，收效甚微。"

语文博士海名威点评道："喜欢沉迷电视的主要是沉

迷在电视剧上，而电视剧迎合多数人的喜好，容易让人思维片面化、模式化。所以沉迷电视剧容易使人智力下降，特别是未成年人。"

申老师严肃地说道："电视对小孩子最大的坏处是让你有样学样，分不清是非。如果没有大人在旁边辅导讲解，孩子很容易认同电视上的人物，对剧中人物的错误言行也全盘吸收。美国卫生总署委托美国国家卫生研究院聘请8位最有名望的教授，深入研究媒体暴力对孩子们的影响，得出的结论是——内容含有暴力的电视卡通、新闻及电玩游戏对孩子影响很大，年龄越小影响越大。"

小强委屈地说："老师，《再续意难忘》是部亲情伦理商战片，很少有暴力场景。"

歌唱家姚军说道："不仅有很多场暴力，比如那几个反面人物的表现。而且这部剧宣扬的感情纠纷复杂曲折，咱们小学生看了合适吗？对学习有何帮助？模仿是最原始的学习方式，青春期更容易不加选择地吸收电视中的一切内容，潜移默化地形成我们的人格。"

一向拙于言辞的胖脸蛋陈立浩归纳道："我看出来了，电视就像河豚鱼，必须抛弃剧毒的内脏部分，有选择地吸收脊背上的肉，味道鲜美极了。"

海名威惊呼道："天啊，谁说胖脸蛋智商低？能说出这样有哲理的话，我这个'语文博士'该让位给陈同学了。"

胖脸蛋怒道："你说谁智商低？"说罢拉出柔道预备姿势，向海名威逼近。

海名威连忙躲到申老师身后，求救道："老师救命！歹徒要行凶，请老师帮助我正当防卫。"

申老师说："你先要收回攻击人家的话，我才能保护你。学生之间要互相尊重，不要毁损对方自尊。"

海名威作揖道："柔道冠军，我收回刚才的话，你是最棒的！"

"嘿嘿，算你识相！"胖脸蛋跺了跺脚，活动着全身结实的肌肉。

申老师说："不知多少孩子的青春被电视这个无形中的'杀手'夺去了，本来他们人生应该灿烂闪亮，结果却日益暗淡，原因就是内秀这道装饰命运天空的彩虹被削弱了。"

"沈佳仪"等学生故意对着小强喊道："幼稚！"

"哎——"小强冲他们做了个鬼脸，不服气地说道："今天我变成了柯景腾，明天该你们了！"

手　机

自习课。

申莉老师轻步来到窗前，观察教室动静。

他们大都能聚精会神地看书，写作业。但是一个景象让申老师很震惊：公认的好学生海名威竟然在津津有味地看手机！

不会就他一个吧？申老师再仔细观察，发现还有几个同学用课本挡着，偷偷地在玩手机！

青春不容迷茫，特级教师决定尽快采取行动。

周六清晨。

海名威早早起来，吃了两个鸡蛋，一片全麦面包，喝了一杯果汁牛奶。刚吃好，他马上揣着手机，来到门前南园的小树林，边踱步边聚精会神地阅读。

晨曦照进树林，散落在枝叶间。小鸟在树枝空隙飞来飞去，尽情歌唱。空气清新，沁人心脾。海名威经常形容自己这片小天地就像《射雕英雄传》中东邪黄药师的桃花岛，自己当然就是"桃花岛主"。

突然，"桃花岛主"面前出现一群人，莫非是阴险凶狠的西毒欧阳锋率领武林高手来进攻这块世外桃源，抢夺九阴真经？

定睛一看，哪里有"西毒"？原来是和蔼可亲的特级教师申莉带着一帮学生骨干来了。

"老师好！"海名威彬彬有礼地问候。

"大海好！"申老师今天称呼语文博士的小名，"大作家在看什么呢？"

海名威说："这是我爸爸最近刚给我买的新款苹果手机，我在看电子书。"

文艺委员仲伟强迅速用手中的原子笔刺一下海名威，大声喊道："幼稚！"

语文博士笑着说："我知道你是在报复前几天我批评你幼稚的仇恨，但你对手机这新生事物外行了。手机不单单是打游戏，发暧昧短信，看电影，对我来说主要是用来看电子作品，提高作文能力。"

申老师笑道："很好，值得表扬。但是大海同学，现在那么多纸质读物，比如中小学优秀作文选，高考文科状元作文精选，《读者》，《青年文摘》等，这些优秀读物难道还不够你看的吗？为什么还要看手机这样小屏电子读物？既累眼又得不偿失。"

纪德妹质疑道："你是在看作文吗？"

柔道冠军胖脸蛋陈立浩一把夺过手机念道："长篇连

载《功夫小子做天子》，天子就是皇帝，当了皇帝自然会有那个，啥来？"

小机灵不怀好意地揭露道："美女成群，嘿嘿。"

学习委员"沈佳仪"姚云说道："语文博士，通过手机提高成绩不如看课本和健康的课外读物。你是想看那种东西吧？幼稚！"

其他同学齐声高喊："幼稚！"

林间麻雀被吓得扑棱棱地飞走了。

申老师总结说："目前中小学生拥有手机的越来越多，副作用不可忽视。扪心自问，你们用手机与家里联系了几次？有什么急事必须随时保持通信畅通？何况上课又不能开，放学回家，手机作用何在？互相发些无聊的段子，发些低俗的短信，下载电视剧看，这样做只会拉低你们的学习成绩，破坏内秀这道装饰命运天空的彩虹。请大家根据各自小组的成员情况，马上做他们的思想工作，让手机这个青春的'杀手'尽快从校园消失。"

"Yes Sir！"大家齐声高喊。

彩虹第三道　汗水＝振天翅

成大事者要比别人多吃 N 倍的苦

特级教师申莉教学手段总是别具一格，推陈出新。她看到有些学生既想考出好成绩，博取美好前程，却又不愿意付出辛劳，就想出个妙计：聘请一批清华学子来传经授宝。而且不用在教室里作报告，而是集合起学生，从小清河发源地——常胜山的王屋水库出发，沿着弯弯的小河，一直走到西海。大家边走边说，其乐陶陶。既让清华学子们开阔了眼界，又让大家放松了负担，锻炼了身体，一箭数雕。

常胜山位于南部山区，空气清新，山高林密，树茂花繁，奇石嶙峋，泉水甘甜。

"真是百年不遇的梦中仙境！"大学生们兴奋地赞叹。

申老师笑着说："那你们可要把成功的秘诀告诉我们同学啊！"

大学生们回答："必需的。"

清华学子王晨用诗歌一样的语言演讲道："我的好同学、朋友们，你们即将迎来升学，将来要迎接中考、高考。高考是送你直上云霄的春风，是让你学识发光芒的试金石，是载你驶向光辉彼岸的帆船。12 年的寒窗苦读在考场上升华成未来的希望，12年挥汗如雨化作金榜上沉甸甸的名字，12年父母的期盼化作金灿灿的现实，那是多么幸福和自豪的事情！这一切不是靠梦想得到的，而是要靠青春的汗水换来的，不努力，不付出，幸运福气不会自行降临。同学们，为了你们美好的未来，快把握好宝贵的光阴，见缝插针地吸取知识的花粉！为了大好青春，去拼搏吧，拼12年寒窗，换一生无怨无悔！"

同学们给予热烈的掌声。

学子董风强说道："宝剑锋从磨砺出，梅花香自苦寒来。不下苦功，不可能有好成绩。那些靠小聪明吃老本而不拼搏的同学，或许会考上普通高校，但不可能进入一流学堂。当然，用功也不是无限制的，当身体疲倦不进入最佳状态的时候，一定不要硬撑，休息和锻炼是必不可少的。大家要牢牢记住，用一分时间就要有一分收获。或者学习，或者休息，或者锻炼，或者社交，每一分钟也不要虚度。"

学子刘元星补充道："说得好。同学们要想考进一流高校，仅靠小聪明是行不通的。即使是天才不也需要99%的努力吗？何况现实生活中天才微乎其微。大家不要迷信学习诀窍之类的虚无缥缈的东西，如果硬要我们说出点窍门，也无非是做个记录典型题、错题之类的小本子之类的事情，比起扎扎实实地付出汗水这样的关键问题，无关宏旨。"

学子任强说："世界著名数学家、中国科学院院士、美国国家科学院外籍院士华罗庚先生说'勤能补拙是良训，一分辛劳一分才'，这是他事业成功的高度概括。我小时候也只是个普通的孩子，或许有点天资，但没有过人之处，勉强升入高中。高中那么多优秀学生给我思想上造成了压抑，一度自卑、失落、消沉。在老师的帮助下，我加倍地用功，进行疯狂的学习，归结起来就是勤学好问多做题。汗水换来进步，成绩与日俱增地提升，最终考上了心仪的大学。小学打基础，初中承上启下，高中决定前程，同学们一定要抓紧这几个人生关键点，让青春闪光，万不可蹉跎光阴。"

学子王铮："勤奋拼搏是成功之本。有天分的要勤奋拼搏，没天分或天分不足的更要加倍努力，任何成大事者都不例外。正是勤奋使我们这些高考优胜者以过硬的本领取胜考场。那些进了考场脑子就发蒙者，最关键的原因就是平时功夫不到，熟练程度不够，但主观上又迫切希望金榜题名，过高的心理目标和欠缺的水平差异，导致压力过大，心理状态变坏。"

不知不觉，师生们已经走到西海。

小清河穿过芦苇丛，绕过黑松林，汇进大海。一群小鱼儿欢快地随着河水涌进浩瀚的海洋，开始了更辉煌的新生。

笨力气最厉害

周末清晨，小机灵吴建华约着小精灵纪德妹一起晨练，他们沿着树林一直跑到海岱仲家有着"小西湖"之称的南沟沿。

南沟沿是一大块水湾，长着芦苇和水草，里面有各类鱼、小螃蟹、青蛙、蝌蚪，四周是茂密的大柳树，树枝条，一直垂到水面。水鸭在水面游动，偶尔有鱼跳跃出水面。

这对帅哥美女跑到"小西湖"边停下来，说几句话。突然他俩看见前方一个熟悉的身影在活动，小精灵惊诧地说："咦？那不是胖脸蛋吗？"

他俩跑过去，原来真是有"柔道冠军"之称的胖脸蛋陈立浩在晨练。只见他抱着一棵大树，左右摇晃，同时用两只脚轮番踢打。

小机灵说："'柔道冠军'真用功啊，练了多长时间了？"

胖脸蛋豪迈地回答："一个多小时了。"

小精灵惊呼道："我们起来的就够早了，你比我们还早一个多小时，天不亮就练上了！"

胖脸蛋说："是啊，我师傅教育我们说，要练武不怕苦，笨力气出功夫。"

小机灵感兴趣地问："你师傅武功怎么样？厉害吗？"

胖脸蛋自豪地回答："我师傅87岁，能同时和15个壮汉搏击。"

吴建华惊呼道："太厉害了！怎么那样厉害？"

胖脸蛋回答："当然是下功夫了。他天天都坚持用双手抽打石头，再把胳膊上绑着沙袋练习出手速度，这样一旦去掉负担，马上显现出奇迹，出手既狠又快，在搏击大赛时候必然鹤立鸡群。"

小精灵纪德妹感叹道："勤奋苦练下功夫，看来这是一切成功者的共性。上周五那些清华大学的高才生给咱做的经验介绍，其实说穿了无非是下苦功，而且是看起来很笨的功夫。"

小机灵吴建华不以为然："他们不会是留了一手吧？

我看九把刀写的《那些年，我们一起追的女孩》里面的男主角柯景腾多潇洒啊，他的数学成绩整个烂到翻掉，甚至创下整个一年级数学月考的最高分竟然只有48分的难堪纪录。只是后面有了沈佳仪，常聊天，用点力，很快就进了红榜。到最后竟然超越沈佳仪，进了交大管理科学系。"

纪德妹折下根树枝刺了吴建华一下，鄙夷地说"幼稚！你只看见帅哥美女拍拖的表面现象，没认真看本质。柯景腾一点不想离开美术甲板，如被踢出去，不仅会被家里痛骂，更重要的是心上人一定会被情敌抢去。面临踢班和失去心上人的多重压力，柯景腾拼上小命地下功夫苦学。在沈佳仪指导下，他每节下课都在勤奋练习数学解题，两人反复演练数学式子的答案推演，很多时候连吃午饭都在桌子上放了张反复涂抹的计算纸上讨论习题。正是下了这样的实在功夫，所以柯景腾的学习成绩才能够从全校四百多名猛升到五十几名、四十几名。"

胖脸蛋冲着吴建华骤然出手，喝道："幼稚！"

吴建华笑道："哈哈，你大熊也想做沈佳仪？"

胖脸蛋补充道："到了初三下学期，柯景腾和其他同学都浸泡在浓厚的学习氛围中，他毫不避嫌地和15岁美眉李小华挤在一张桌子上下功夫，互相请教不懂的问题，用最有感觉的纸笔交谈方式沟通。柯景腾整天被成绩比自己好十倍的女生问问题，能不抓狂苦学？所以柯景腾学业成绩以惊人速度攀升。说了半天还是下了功夫，而且是笨功夫。"

小精灵感叹道："不仅是学习方面，其他领域何尝不是如此？大衣哥无数次地练发声技巧，郎朗无数次地练琴，最简单的笨功夫造就了一代英才。"

聪明地流汗

发源于王屋水库，流经下丁家、大陈家、河里张家、沟头于家、孟家楼、海岱仲、河口于家的小清河，最终汇流入海。在入海口附近，有一片茂盛蓬勃的黑松林，那里有小鸟歌唱，野鸡飞舞，小草起伏，野兔出没，松鼠跳跃，富有诗情画意。

语文博士海名威特别喜欢这个地方，经常拿着本喜欢的书到这里，一坐就是一天。大海认识了这批好伙伴，经常邀请他们来这里聚会。

今天"特别战斗组"邀请了又一批清华、北大的高才生来到这里，专门讲授学习窍门。用小精灵纪德妹的话讲就是：我们要流汗，但是要聪明地流，流的有价值。

石薇薇："自我调整，科学用脑。"

刘潇潇："多做题，出感觉，摸规律，常熟悉。"

司马刚："语文基础知识要多接触，多听老师讲评试卷，多收集曾经出现的基础知识错误；学习英语时要注意语感，多读单词，多听标准发音，拒绝哑巴英语，尽量贴近标准发音，记住语法实例，经常用单词和词组造句；学数学要全面地多做题，触类旁通地总结运算技巧。"

孙保先："小窍门肯定有，但是起不了决定作用。既然你们对窍门这样感兴趣，那我就说一个。我认为最好的窍门是化繁为简，也就是归纳。我口袋里装好几个小本子，记录着各式各样的歌谣式或者几句话的内容，涵盖英语和数理化等方面。一有闲暇时间，我就拿出小本子看几眼，看到这些概括语言，然后联想相关内容，将知识链条串联一下。如果哪个链条断了，马上找出课本重新温习，这样就能将知识融会贯通。"

高云帆："我的诀窍很简单很实用——反复钻研课本，尽量少看辅导书。很多同学甚至不少的教师都认为辅导书最重要，帮助学生聪明，教材学一遍即可，其实这是本末倒置。我们学习上必须抓重点，教材就是重点。我在教科书上功夫下得最大，书上的每一句话我都仔细看，反复琢磨，不留一点模糊概念。第一遍一定要精读，不懂的一定要虚心请教老师或同学，务求彻底搞清，然后再经常浏览课本，每次都要有新收获，日积月累，成效斐然。"

陈仲："我不赞成刘同学多做题的主张，那样就会沉浸到题海中而不可自拔。我父母都是同一教学平行班的老教师，我父亲的师资水平也远远地高于我母亲，但是教学成绩却总是不如我母亲。为什么呢？因为我父亲总是喜欢拼命地让学生做题，不管什么辅导书上的题，只要他见到就让学生做，说是熟能生巧。他还要把辅导书上的题找给我母亲，但是我母亲却坚决不要课外题，而是精选教材上的类型题，让学生们反复精研，寻找规律。"

刘潇潇："做题不就像打仗吗？只有身经百战才能无坚不摧，所以必须多练。"

陈仲："题海无涯，我们的精力是有限的，即使能把教材上的题吃透了，做到举一反三，已经是很不容易了。忽视教材去大量做课外题那是舍本求末。"

刘潇潇还想说什么，申莉老师阻止道："好了，好了，你们俩说的都有道理，对于多数学生来说，必须以课本为主，不能分散精力。但是对于尖子生来说，教材里的东西已经无法满足他，人家当然要找课外题做做，过过瘾嘛。"

学习委员"沈佳仪"对伙伴们说:"你们自己看,学习方法、窍门之类的东西有多大意思吗?每人有每人的具体情况,名校学子们的学习窍门甚至互相矛盾。所以我们想成才就要根据自身特点,多下苦功多流汗,在这个奋斗过程中,寻找属于自己的门道。"

一番话赢得热烈掌声,就连清华、北大学子也纷纷鼓掌,赞扬道:"我们这个小学妹真不简单,将来造就必定远胜于我们。好好学吧,我们在北京等着你。"

小精灵纪德妹不愿听到高才生们过多地夸赞姚云,就插话道:"好了,今天大哥大姐们给我们传经送宝,我们感激不尽。为表示谢意,我们打点野味为师兄师姐们一饱口福。"

小机灵吴建华积极响应,他感觉这些是枯燥的说教,心里郁闷。一听这话,马上拽着胖脸蛋起来,说我们马上行动。

夜晚,师生们点起篝火,烧烤着打来的野兔野鸡和捞上来的河鱼,品尝着罕有的人间美味,笑语连连。酒足饭饱,大家围着火堆跳起欢乐的舞蹈,度过了一个难忘的幸福之夜。

汗水不可分流

小精灵纪德妹比孙静还活跃,热心肠,大家都喜欢她。

这天是星期六,小纪蹦蹦跳跳地来到柔道冠军胖脸蛋陈立浩家,邀请小胖到她家写作业。

胖脸蛋家住古色古气的青砖大瓦房,石头院子,南园养鸡,梧桐茂密。

在这样世外桃源般的生活环境生活的人应该心情顺畅，但是胖脸蛋的父亲"小头爸爸"陈海洋却气冲冲地在练拳，只见他双手用力地在抽打窗台上的一块圆滑石头，上面血迹斑斑！

小纪吃惊地问："叔叔您这是干吗？"

陈海洋愤恨地说："练功夫！"

小纪问："强身健体用不着这样吧？"

海洋回答："严惩逆子！"

娇小玲珑的纪妹妹吓了一跳："您是想教训浩浩？"

海洋粗声粗气地回答："除了这个忤逆之子还能有谁？"

小纪惊诧地问："浩浩不是很乖吗？怎么惹您生气了？"

海洋说道："小纪你来评评这个道理，你们中小学生时间珍贵，应该集中精力做正事，对不？"

小纪点头："对呀，没错。"

海洋说："浩浩参加体育班，每天早晨和傍晚锻炼那么长时间，我同意了。他周末又参加柔道学习班，我也同意了。但是这小子得寸进尺，最近又迷上了跑酷，又练街舞，还练 RAP，还参加合唱团，还学习弹吉他，你看这不是扯吗？"

小纪点头道："学的太多，消化不了。"

海洋说道："就是嘛，我跟他说了多遍，但是这小子全当成耳边风，理都不理。天天出去胡乱练习，我拖也拖不住，打也打不了！揍他一拳他没当回事儿，倒把我的手硌疼了；踢他一脚就像踢到大象腿，反而把我的脚硌疼了。所以我要苦练武功，狠狠教训这个忤逆破蛋！"

小纪安慰道："叔叔，靠法西斯手段是教育不好孩子的，反而增加了他的逆反心理。这样吧，这事交给我了，我和伙伴们肯定能让他改变想法。"

海洋惊喜地说："真的吗？你们太厉害了！你这个姑娘太可爱了。"

纪德妹马上通过小机灵吴建华，大发英雄帖，召集"捉幼稚战斗小组"其他成员，把这情况一说，大家一致认为胖脸蛋在这个问题上有点混，确实是陈爸爸所说的"破蛋"。

女高音姚军问道："咱是不是把情况汇报给老师再说？"

小机灵吴建华不屑一顾："屁大点的事情都要找老师解决，我们的素质何在？"

小精灵纪德妹说："我有个计谋。"

大家一听，拍手叫好！纷纷夸赞道："小精灵一点不次于小机灵，你们可真是天造地设的一对宝贝。"

第二天是星期日。

"战斗小组"邀请胖脸蛋去爬位于龙口市南端的罗山，生性好动的陈立浩马上表态赞同，欣然前往。

等他到了预定的集合地点，发现只有学习委员"沈佳仪"姚云在那里。

胖脸蛋奇怪地问道："怎么就你自己？他们呢？"

姚云说他们说怕时间不够先上山了，让我在这里等你。

胖脸蛋生气地说："不守信的家伙们，等我爬上山后不抽他们的屁屁才怪。"

胖脸蛋和"沈佳仪"俩人开始爬山。

罗山地处招远和龙口交界，是胶东半岛第三大山，主峰海拔 759 米，山高林密，绿树成荫，悬崖峭壁，怪石林立。

刚一开始，"沈佳仪"就说："浩哥我害怕。"

胖脸蛋揽着她肩说："有你哥保护，你别害怕。"

爬不多高，"沈佳仪"就气喘吁吁地诉苦道："浩哥，我爬不动了，你自己上去吧。"

胖脸蛋说道："那怎么可以？把你自己丢在这里，我还算男人吗？来，我背你。"

胖脸蛋背着胖"沈佳仪"攀登。

开始的时候胖脸蛋还心旷神怡，小姑娘特有的芳香气息不断地往他鼻子里钻。从未近距离接触女孩的胖脸蛋感受到无比巨大的幸福。

但爬着爬着就觉得后背上的压力越来越大，抱怨道："你干吗要长那么多肉啊？太沉了，压死我了！"

"沈佳仪"笑着说："我如果瘦的话，你能有这样背美女的机会？让你享受还不领情！"

胖脸蛋坚持不住，就将胖美女放下歇歇，恢复点气力后继续背着爬山。

就这样爬爬歇歇，好不容易爬上主峰。胖脸蛋坚持着慢慢把身上丰腴的"沈佳仪"放下，自己一下累瘫在地上，呼呼喘气，汗水湿透衣衫。

胖脸蛋诉苦道："我真伤不起了，下次即使刀架到脖子上我也不会和你一起爬山了。"

"沈佳仪"笑道："柔道冠军也需要锻炼负重啊。"

正说笑着，忽然几个蒙面人从树丛里跳出来，凶猛地向胖脸蛋扑来！

"柔道格斗冠军"一个鲤鱼打挺跳起来，毫无惧色地抓起一个摔倒，一脚又绊倒一个！但是被打倒的家伙又爬起来往上扑，胖脸蛋气力不支，被抱住大腿，搂住后腰，呼啦一下摔倒在地上。

胖脸蛋虽然倒下，但仍然手足并用地继续搏击。

一个娇小的女孩从大树后显身，笑盈盈地说："好了，可以了，收队。"

几个蒙面人解下面罩，原来是吴建华、海名威等男生们。

胖脸蛋恼怒地冲他们喊道："搞什么呀你们！"说罢，捏着拳头又想厮杀！

小精灵纪德妹说："浩哥别生气，这一幕是我导演的，我想试验你的功夫，也想讲明个道理，总之是为了你好。"

胖脸蛋冲她挥了挥拳头："也就是你，如果是别人的话我不会答应的。"

纪德妹说："浩哥力大无比，怎么会输给吴建华这样的小瘦子？这可不像你的风格啊。"

胖脸蛋不服气地辩解道："我背着这个胖美女爬了七八百米的山，累惨了，要不等我休息过来后咱再比试，让你们几个一起上，我不把你们摔到悬崖下就算对不起你们。"

纪德妹说："浩哥你背着肥妞上山，流了那么多汗，消耗了体力，所以竞技失败了，对吗？"

胖脸蛋说："当然了。"

小机灵吴建华故意问道："你难道不会既背胖美女上山，又和我们搏击？"

胖脸蛋不屑一顾地反驳："扯淡，谁有那么些气力？"

纪德妹说："那就证明一个人的力量是有限的，想做成一件事情就要集中力气，不能既做这事又做那事，对不？"

胖脸蛋说："对啊。"

纪德妹说："那么请好好反思一下，你既要应付繁重的学业，还要课余参加体育班的训练，周末又要参加柔道训练班，已经严重超支精力了，怎么还要玩 RAP、跑酷、街舞？你有那么多精力吗？这些事情，你做精一件都不容易了，你竟然想全部做，你想想可能成功吗？"

海名威笑话道："就你那口齿说话都不流利，还想像纽约贫困居住区的黑人那样连说带唱？本少爷演讲朗诵那是狗赶鸭子呱呱叫，RAP 还差不多。"

说罢，大海用根竹棍敲打着不锈钢小锅，快速地诉说一连串押韵的诗句，中间穿插几句歌曲，赢得大家喝彩！

吴建华笑话道："街舞？跑酷？就你那德行样子，像大熊一样还能扯那个机灵人才能做的事儿？你瞧本少爷的。"

说罢，吴建华两手撑地，两腿像风车一样轻松地旋转了十几下！然后面不改色地对胖脸蛋说："来几下吧？这是街舞中的基本动作。"

胖脸蛋惭愧地说："甘拜下风。"

吴建华又说："你还跑酷？你那庞大身躯能将各种日常设施当做障碍物或辅助而在其间跑跳穿行？你看本公子。"

只见小机灵迅疾地跑几步，起身蹬一下大树，然后迅速地跳上一块巨石，转眼消失！惊得胖脸蛋目瞪口呆。

"沈佳仪"姚云总结道："今天我们收获太大了，既爬山锻炼了身体，又启发了陈立浩同学明白一个道理，那就是汗水不能乱流，只有集中精力将自己擅长的事情做好才是正道。就像浇地一样，必须让好不容易抽上来的水按照一个渠道流，如果分流太多，势必造成水少而导致庄稼得不到足够的水分滋润，影响收成。咱们前面学了那么多成才范例，他们都是把强项发挥到极致，从而在一定范围内成为不可缺少的人物。你好好想想是不是这么个道理？"

小精灵纪德妹说："浩哥流了大量的汗水，但是你这些汗水却分散到太多的庄稼地里，结果是每块地都得到了一点水，但是每块地都没有得到足够的水。你把精力分散地使用到很多自己不擅长的领域，这样不仅耽误了主业，而且副业也没个好收成。既违背了前面讲过的命运天空彩虹第一道天赋篇，又违背了前几天清华学子们讲的成大事者必然要付出比别人多 N 倍的汗水原则。"

胖脸蛋点头称是。

"沈佳仪"姚云说："前些日子我参加了个竞赛，获得冠军，得到点奖金，正好用来请你们这些好朋友们吃点山庄农家饭。一来加深我们的友谊，二来感谢陈哥背我上山，大家说怎样？"

小伙伴们欢呼起来。

吃着自家磨的面粉包的山苣蓿嫩芽包子，喝着刚从水库里捞出的鲜小鱼汤，用新鲜的大葱和苦菜蘸着农家大娘自己配制的大酱，大海用"云顶之游，夫复何求"八个字概括了大家的感受。

彩虹第四道　坚持 = 倚天剑

🌿 功在平时，积攒正能量 🌿

胖"沈佳仪"、学习委员姚云家住小清河南面，村西；沉默寡言的语文课代表、作文大王海名威家住小清河北面，也是村西。

两人都好静，都好学。

放暑假了，两人不约而同地各自拿着本书，相会在小清河。

姚云拿的是本数学书，海名威拿了本课外读物，两人看了一会儿书后，说起其他同学情况。

姚云问："小机灵这个假期准备做什么？"

海名威说："吴建华准备和小精灵纪德妹到新马泰做个长时间的旅游，回来后再骑车游青藏。"

姚云担心地问："那样以来，他俩哪里有时间温习功课？开学后马上要进行考试了。"

海名威答道："吴建华说了，他俩先痛痛快快地玩个够，等快开学那几天，来个强突击，把所有作业全部搞定。"

姚云说："这种平时不烧香，临时抱佛脚的做法很不可取，很多学科不能靠突击取胜，小吴他们的做法会耽误自己前程的。应该马上报告给老师，赶紧做他们的思想工作。"

海名威赞成道："确实应该让老师采取措施，"他转念一想，忧愁道，"但是现在放假了，到哪里能找到我们敬爱的申老师啊？"

姚云点头。

突然一片柳树叶子飘落到他俩的身上。

起风了吗？

俩人四下看看，别的树枝纹丝不动，风从哪里来？

又一片树叶子从他俩头顶飘落。

他俩抬头一看，不禁喜出望外：申莉老师正骑坐在高大的树枝上，笑盈盈地往下望着。

他俩惊喜地叫道："老师好！您怎么在这里？"

申老师像猴子一样，嗖嗖地攀着树干滑落下来，说道："我处理完手头的事情，估计你们一定会来这块风水宝地的，所以我就早早地在这等你们了。"

语文博士海名威感叹万分："天啊，如果我把刚才的情景拍摄下来，再配上一篇文章，准会轰动全国。"

申老师摇头道："这恰恰是教育界的悲哀。教师难道一定要正襟危坐？一定要扮出一副端庄严肃的长辈形象？想教育好学生就一定要和学生打成一片，我上次也和小机灵他们说过这事。"

姚云说："申老师你不像老师，像大姐。"

申莉老师说："你这样认识太好了，现在你们就把我当成姐姐，来，叫我一声。"

"莉莉姐！"大海和姚云亲热地叫道。

"哎——"申莉甜蜜地回应道。

申莉招呼他俩坐下，一手搂着一个，说道："弟弟，妹妹，你俩说说，应该怎样解决刚才你们说的问题为好？"

放下架子，虚心地听取学生们的意见，这是特级教师区别于普通教师的关键之一。

姚云说："莉莉姐马上把学生们紧急召集起来，开会讲明，让他们端正态度，科学安排好假期。"

大海笑道："亏你还是我们的'沈佳仪'了，怎么思维这样单调？靠单纯说教能让小机灵那样的油条转变思想？你看九把刀笔下的赖导是怎样转化调皮大王柯景腾的？先是将他罚坐在教室的最角落，唯一的邻座是一面光秃秃的墙壁。但是柯景腾竟然在墙壁上画画，和墙说话，影响更坏。一周后赖导改变战略，采取怀柔战术，让这个捣蛋鬼坐到公认的好学生沈佳仪前座，让美女激励他前进，结果成为成绩优秀的好学生。"

姚云反击道："你的意思是让吴建华坐到我这个假沈佳仪前面？他不是柯景腾，这里不是台北彰化精诚中学初中部美术甲班二年级！"

大海叹息道："幼稚！你只看形式不看实质。沈佳仪的策略本质就是让柯景腾真心地感觉到自身的幼稚、不成熟、不懂事，所以才改正毛病，奋起直追。那么我们完全可以让吴建华和纪德妹等同学从内心认识到平时不努力、临时突击学习做法的错误，然后一切都迎刃而解了。"

姚云拱手道："海哥真是高见。"

申莉说："我弟弟就是牛，那你说怎样才能让吴建华这个'柯景腾'转变思想？你不会让我去找沈佳仪问吧？"

大海说道："吴建华远比'柯景腾'机灵狡诈，即使真把沈佳仪叫来也无济于事。我的建议是让高考状元现身说法，讲述他们平时是怎样努力的，这样才能让小机灵这个'柯景腾'心服口服。"

申莉拍手道："说得好，就这么定了。正好人杰地灵的龙口有文科和理科两个高考状元回乡度假，我以学校的名义聘请他俩做报告，传经授宝。"

胖"沈佳仪"姚云说道："既然是暑假期间，人家状元们又是度假休息的，所以我建议采取夏令营那样的方式，请他们在大自然里边玩边讲，效果会更好。"

申莉说道："看到了吗？我们当老师的，很多地方确实不如学生，必须互相学习，取长补短才能更好地进步。"

姚云问道："莉莉姐这个特级教师评比也是平时日积月累的成绩导致的吧？"申莉自豪地回答："当然了。首先是时间方面，教研人员评选特级教师，在中小学校从事教学工作不少于 5 年，想靠短时间突击是不可能的。我从任教研员以来，每学年仍参加听课实践。而不是一两学年即可。我这么多年一直在教育教学改革、教学教法研究、教材建设等方面下了大功夫，成绩比较突出。这更是长期的笨功夫，不是投机取巧。我在市地以上同学科教学中有不小的知名度，无论是同级教师，还是上级领导部门，都知道我的成绩。在评选特级教师的时候，竞争非常激烈。我能够在教师酝酿讨论的基础上，荣幸地被提名，和其他候选人一起张榜公布。教育局对我们这些被提名的特级教师人选，在全市范围内公示，广泛征求意见。如果我平时没做出成绩，这期间一定会被提出异议。然后教育局再根据评选指标，择优向市教育局推荐；市地由教育行政部门领导和特级教师组成考核组，对我们这些被推荐的特级教师人选逐人进行考核，写出考核报告，报省教育厅。如果没有杰出的成绩，这期间一定经受不住考察。"

学习委员姚云插话道："接下来的程序我知道——省教育厅领导、特级教师和中小学教育专家或校长组成特级教师评选委员会，对市推荐的特级教师人选进行评选。评选委员会下设若干评选组。评选组实行民主评选，按照评选条件，有半数以上通过的，向评选委员会提出推荐意见。如果没有平时的优秀成绩做基础，根本不会得到推荐。

"评选委员会在认真审查材料和民主协商的基础上，采取无记名方式投票表决，有全体委员半数以上同意方为通过。这种情况下，谁想送礼也不现实，走后门作弊难度极大。省教育厅根据省特级教师评选委员会的意见，认真审核，最终确定正式人选，报省人民政府批准，颁发特级教师证书，并报国家教委备案。"

申莉说："很对，你怎么知道的这样清楚？"

姚云自豪地说："第一，我有个亲戚在国家教委工作，他对我讲解得很细；第二，我的理想就是做一名光荣的人民特级教师，像莉莉姐这样，所以我了解的很多。"

海名威感叹道："很多人都怀疑特级教师是靠关系上去的，完全是一派胡言。能得到特级教师这样的高级荣誉，必须有优异的教学成绩，而且还要坚持不懈地出成绩。"

申莉说："很对，不仅是你们学生，即使我们教师也是这样，各行各业成功者都一样，功夫在平时，取巧行不通。"

坚持 + 汗水 = 成功

强悍的八人组被紧急集合起来，虽然小机灵和小精灵还带着放弃新马泰美妙旅游的怨气。申老师给他们下达任务：一定要在最短时间内，把本市两个高考状元联系到，并聘请他们传授经验。

"战斗小组"首先联系上文科高考状元马儿跑，这是个五大三粗的男生，浓眉大眼，典型的肌肉男。

当他听说客人们的来意后，不仅不感到荣幸，反而把头摇的像拨浪鼓一样，不耐烦地说："我很忙，有的是要紧的事情做。而且我讲课很贵，讲一节课至少也需要个千儿八百元，哪里有精力和你们瞎扯？"

不管同学们如何盛情邀请，他都冷若冰霜，甚至要下逐客令了。

小强赌气地说："那算了，我们请不起你，去请理科状元算了。"

谁知这小子马上高傲地说："你们千万别去，理科状元云儿飞那是我未来的媳妇，她对我百依百顺，如果她敢接受你们邀请，我马上请她走人！"

谈判陷入僵局。

大家坐也不是，走也不是。

在这关键时刻，只见胖脸蛋陈立浩挺身而出，大喝一声："你感觉很牛是不是？本公子要和你比试一番，如果你胜了，我们立马走人。如果我胜了，你乖乖地听我们吩咐。"

马儿跑一听这话，马上来了精神，一下蹦起来，大声说道："你找不自在是吧？老子三年前就是第一中学的自由搏击冠军，这些日子没有对手，拳头生锈了。"然后他幽默地对那几位同学说道，"你们准备好担架，准备将这胖小子抬到人民医院去。"

胖脸蛋冷笑着说："那你可悠着点，别上不了北大进了医大。"

马儿跑说道："少废话，接招！"

说罢，只见他弹簧一样地跳了几下，闪电般地连续出拳！

嘭嘭嘭！

胖脸蛋的头和脸瞬间就吃了几拳！

女生惊呼！

只有语文博士海名威风趣地喊道："下注！快下注！我以全部家产赌浩浩赢！"

小机灵吴建华说："我以自己的家产和小纪的家产赌马儿跑赢。"

纪德妹担心地说："小帅哥，你不会把我家产给败了吧？"

吴建华说："不会，胖脸蛋和人家明显不是一个重量级的，自取其辱。此乃蚍蜉撼大树，不自量力也。"

好一个胖脸蛋，只见他头一低，像头豹子一样，"嗖"地从人高马大的马儿跑两只粗长胳膊下面穿越，钻进他怀里，然后两手箍住他脖子，两膝雨点般地轮番猛顶马儿跑腹部！

马儿跑疼的弯下腰，胖脸蛋的双膝继续猛顶他胸部，直至脸部，很快他的鼻血流出！

大海连忙喊道："胜负决出，双方停战！"

马儿跑去水井边洗了把脸，连声说："痛快痛快，好久没这样过瘾了！"

大海兴奋地对小机灵和小精灵说："你们俩的家产全部归我了，马上知会你们家长，办理财产移交手续。"

纪德妹连忙声明："小帅哥是小帅哥，他没权利代表本姑娘！他代替别人下注无效。"

小精灵虚心地向大海请教道："海哥哥你真厉害，怎么他俩刚一交手而且胖脸蛋处于劣势的时候，你就敢断定浩浩能胜？莫非你会神机妙算？"

大海扬扬得意地说道："行家一出手，就知有没有。马儿跑用的是拳击加脚踢的自由格斗术，而胖脸蛋用的是素有'八臂拳术'之称的泰拳，拳、腿、膝、肘无所不用其极，招数凶狠犀利，其简洁、实用的风格和强大的杀伤力让它风靡格斗界，有傲立擂台 500 年不败之说。我观察浩浩英姿飒爽，重拳猛膝无坚不摧，神态临危不乱。就知道他胸中必有一根大竹竿。"

小精灵饶有兴趣地问道："那么目前在国际拳台上最具代表性的偶像级泰拳冠军是谁？"

大海滔滔不绝地讲述："是两届 K－1 冠军、修搏 S－CUP 总冠军、WMC 泰拳世界冠军播求！播求在 K－1 擂台一鸣惊人！他快速连扫不仅'猛'更偏重'巧'，他善于小角度斜线向上起腿，随后甩腰翻胯，由斜上踢变为横扫！他的对手十有八九会被扫中！他的启动和连击速率更快，以快打慢。加上炮弹般的重拳、犀利的膝法和正蹬的配合，以灵活变化与快速连击为特色，组合丰富，控制力更强，同时发挥出泰拳立体攻击的特长，令对手难以进行有效的防守和判断，在国际格斗大赛中所向披靡，近两年擂台上创下 11 连胜佳绩。"

马儿跑对胖脸蛋作揖道："为兄甘拜下风！小老弟为什么这样厉害？"

胖脸蛋陈立浩自豪地说："这几年我天天用膝盖撞树、

脚踢铁棒，用肘部撞击墙壁，用铁棍敲打两腿，而且都是无防护器具的。所以我全身坚强如铁，抗击打能力强，吃你铁拳不当回事儿！而且我膝撞肘击，灵活自如，这也是我刚才完胜你的先决因素。"

马儿跑赞叹道："你真厉害。"

胖脸蛋谦虚地说道："我算什么呀？刚入门而已。人家成功的泰国拳师才是真正的厉害。我们常惊异于泰拳师的腿坚硬如铁、柔软如鞭，实际上此种武功是艰苦磨炼而成，绝非朝夕之功。我父母当年在泰国旅游的时候，常遇见拳师在郊野或乡间，围绕着芭蕉树树干'砰、砰'猛踢；今日泰拳师练习法已臻科学化，每日按着科学规律练踢，锲而不舍。"

大海提示道："泰拳师们超强度的训练是一方面，最关键的是坚持不懈，不断磨炼提升自身能力，最终才能在擂台上秒杀对手，靠的是平时累积的汗水。高次数的机械性重复训练可以让人对攻击动作产生身体记忆。要知道在激烈的打斗中是没有时间思考动作要领的，只有让攻击动作成为第一时间的本能反应，才能在对抗中保持动作的正确和不变形。"

马儿跑一拍大腿说道："对呀，各个领域的成功者都是这样的，我们高考状元何尝不是如此？其实我刚才那样说是和你们开玩笑的。同学们既然能明白这个道理，说实在的也用不着请我们去传授经验了。"

"沈佳仪"姚云说："你还是去吧，详细讲讲学习成功经验，毕竟能给中小学生们开阔视野，也是个重要启迪。"

马儿跑还想推辞，陈立浩开诚布公地说："这样吧，你叫着理科状元去传经授宝，我把目前极度强悍的播求等泰拳大师训练秘籍给你，一般人搞不到的。"

马儿跑一听顿时来了精神，兴奋的嘴巴都合不上，诚恳地要求道："你搞到了播求训练秘籍？太好了，我做梦都想得到，快让我先睹为快。"

歌唱家姚军马上阻止道："陈哥别给，等明天状元去了后你再给他秘籍。否则你给他了，他反悔不去了，那咱可亏大了。"

胖脸蛋很帅地做了几个泰拳动作说："量他也不敢！如果他胆敢涮咱，本少爷就用播求大师的绝招修理他！"

马儿跑连忙答应："就是。"

陈立浩说："我背诵给你听。"

马儿跑拿出精致超薄的苹果笔记本电脑，炫耀道："你说我打，你说完我打完字。看到了吗？最新款苹果笔记本电脑，两万多元，我那慈祥的老阿爸奖励给我的，你们好好学吧。"

大家羡慕不已。

孙静说："我爸爸会买款纯进口的更好的笔记本给我。"

胖脸蛋背诵完，马儿跑也打完字，然后到打印机里打印出来，让大家一起看：

"周一：

上午：热身，开筋，10公里慢跑，2到5组打沙袋，2到5组负重空击，300个跳跃运动（双腿跳起，双手在头顶击掌），200个仰卧起坐，100个扫踢，放松，拉伸。

下午：热身，开筋，半小时跳绳，2到5组打沙袋，5组负重空击，3到5组对抗，200个引体向上，100个扫踢，抗击打训练，放松，拉伸。

周二：

上午：热身，开筋，10公里慢跑，2到5组负重空击，100次扫踢，200个仰卧起坐，放松，拉伸。

下午：热身，开筋，半小时跳绳，3到5组沙袋，3到5组负重空击，3到5组对抗，300个跳跃运动（双腿跳起，双手在头顶击掌），抗击打训练，200个仰卧起坐，放松，拉伸。

周三：

上午：热身，开筋，7公里登山跑，200个仰卧起坐，放松，拉伸。

下午：热身，开筋，5公里慢跑，5组速度球，3到5组对抗，抗击打训练，200个仰卧起坐，放松，拉伸。

周四：

上午：热身，开筋，15组冲刺，2到5组沙袋，3到5组负重空击，300个肘击，100个扫踢，200个仰卧起坐，放松，拉伸。

下午：热身，开筋，1小时跳绳，2到5组沙袋，3到5组负重空击，3组对抗，2到5组上肢技巧，抗击打训练，200个仰卧起坐，放松，拉伸。

周五：

上午：热身，开筋，20公里慢跑，100个仰卧起坐，放松，拉伸。

下午：热身，开筋，半小时跳绳，5组负重空击，5组对抗，抗击打训练，放松，拉伸。

周六：

上午：热身，开筋，13公里登山跑，放松，拉伸。

周日：

休息。"①

大家惊叹道："以上的体能专项训练加上每天20公里的长跑和6小时的格斗强化训练，其总训练量如此惊人，无愧为'魔鬼训练'的称号。正是在日复一日的艰苦训练中，不断挑战自我极限，锤炼出世界瞩目的格斗王者。如此超强度训练，而且是常年坚持不懈，不成功才是怪事，不秒杀对手才怪呢。"

大海评论："播求大师既能苦练，还能科学地练。引体向上是发展背部和上肢肌肉的好方法，爬竹竿训练可以有效地磨炼臂力，而跳绳和跑步在发展腿部力量的同时也为残酷的比赛储备充足的体能。"

胖脸蛋陈立浩说："大家用不着崇洋媚外，还是咱们中国功夫最厉害！如果泰拳师和俺师爷比试非玩完不可。俺师爷赵乃桓苦练贴身短打70多年，迅疾如电，出手不见手，上了擂台，非KO他们不可！"

海哥哥的好友——温柔俊俏的美霞总结说："任何成功者都离不开汗水加坚持。"

🌿 日积月累，创造奇迹 🌿

得到泰拳大师训练秘籍的文科状元马儿跑很守信，马

---

① 摘自高级资料《Muay Thai unleashed》。

上联系了女友云儿飞，约定好和同学们一起野游。

这次的野外活动安排的更有创意：师生们清早坐车到下丁家山顶的小清河发源地——王屋水库，然后挽着裤腿，趟着水，手拉手地在小清河里长途跋涉。

大块头的柔道格斗冠军、胖脸蛋陈立浩扶着特级教师申莉走在前面开路。他俩发现哪里有深水坑，就提醒队友注意，或者让他们上岸绕过；小机灵吴建华、语文博士海名威、小精灵纪德妹三人断后，防止水位突然上涨而导致大家受灾；"沈佳仪"姚云等陪同理科状元云儿飞和文科状元马儿跑走在中间。

一路观赏着风景，摸着小螃蟹，赶着小鱼群，谈笑风生。

文科状元马儿跑说道："各位师弟师妹，我说句大实话，高考成绩其实早在进考场以前就已经决定了，是靠平时努力决定的。平时一定要踏踏实实，抓紧一切可利用的宝贵时间，尽可能多地学习，依靠日复一日，年复一年的不懈追求，积累知识，增长能力。到了临近高考那段时间，不仅不用玩命地硬拼，反而要减少学习强度，保持大脑清醒，轻松进考场，潇洒做对题，然后痛痛快快地玩个够，笑看录取通知单。"

姚云问道："千里之行，始于足下；涓涓溪流，汇聚入海。是不是这个道理？"

马儿跑幽默地回答："恭喜你都学会归纳了。"

一群小鱼从他们小腿缝隙冲过，急冲冲地往前游去。

申莉老师回过身高声说道："同学们，你们就像这群小鱼一样，不停地拼搏前进，加油啊，别掉队。"

歌唱家姚军对两个高考状元调皮地说："我们加油学，

你俩加油教，成交？"

文科状元打出 OK 手势说："马上成交，下面由我师妹给大家讲课。"

理科状元云儿飞说道："马哥说得对，高考考场上的短短几个小时是不可能创造奇迹的，真正的奇迹是靠平时积攒到一定临界点而出现在考场的。我从小学开始，每天都有完整的学习和锻炼计划，每一天都有新进步，每一天都过得很充实，每时每刻都在为我的梦想而努力。正因为有了雄厚的底气，所以临近高考，我吃得香睡得着，十分淡然，自然能发挥出最佳状态。而那些平时稀松懈怠不努力，高考临近疯狂突击的学生，相信所谓'临阵磨枪，不快也光'的谬论，在考场上必然压力大，懊丧悔恨焦灼忧虑，能出佳绩才怪了。"

文艺委员仲伟强不解地问道："但是现实中也确实经常出现大爆冷门的现象！有的平时成绩好的学生可能考糟，一些平时学习一般化的考生，很可能神奇地考出高分。"

云儿飞回答说："这种现象在考试中确实也会出现，但是概率微乎其微。考场上那几个小时，大体能反映出考生这些年的学习情况、基本功情况、分析判断能力、应变能力、灵活运用能力、解题速度及正确率、当场解决问题能力、掌握处理新知识能力以及心理调节能力等，如此众多的因素都综合地作用在你答卷水平上，功夫完全取决于平时积累。只要你能正常发挥，成绩的分布情况是和平时大体相当相符，像我们班一考下来，名次和大家想象的相差无几。偶尔出现几个发挥异常的，考出的分数基本上都在自己所属的分数段里。如果平时不愿意勤奋苦学，不打好扎实功底，企图一考改变原先状况，你想想有无可能？"

马儿跑说道："把历年考试卷集中起来分析，虽然题目每年都不一样，但考点基本上是不变的。你只要把平时那些知识要点把握好了，以不变应万变，自然不会失败。心理素质好的考生会多考点分，心里素质差的同学会少考点分，但整体差别不大。只要你平时功夫到位，那就大胆去应试。"

吴建华问道："像我这样，平时学习成绩中等，等邻近考试的时候再突击一把，应该能上去不少分吧？"

云儿飞回答道："考试成绩的百分之八十以上在进入考场之前就定下来了，就在于平时功底深浅。短期突击冲刺队数理化特别是化学或许会有一定的作用，但是对于语文这样需要长期积累知识和能力的学科，收效甚微。即使对于理科来说，没有平时的刻苦钻研，就很难有考场上的灵活运用。"

突然，胖脸蛋惊呼道："前面来了几条大鱼，快抓！"

只见两三只一尺多长的青鱼逆流游过来。几个男生想冲上去捉，申莉命令道："大家老实待着，一动别动。"

同学们一动不动地站着，像一棵棵树。

几只大鱼狡猾地探头，转动，最后还是缓慢地游过来。当游进这些"树木"之间后，申老师命令道："前后拉起渔网堵住通道，慢慢收缩包围圈，疾速捕鱼。"

鱼儿发现危险，拼命逃跑。胖脸蛋快如疾风，一下扑到水里，终于抓住一条大鱼！

大家齐心协力，将剩下几条也捕获。小机灵兴奋地说："好啊好啊，今天中午我们请两位状元喝鲜鱼汤。"

申莉老师说："捉不同的鱼要采取不同的方法，同样道理，在用功的前提下，学习不同学科要采取不同的方法，请两位状元继续传授。"

马儿跑说道："莉莉姐真是我们的贴心人，下面我遵命讲述。语文复习令很多考生大伤脑筋，这说明语文必须把功夫下在平时，单纯靠复习期间大幅度提升也不现实。考试题出自书本的也很多，这就需要你把课本一定要吃透，里面的拼音、词组、成语、注释等，一定要认真掌握。该背诵的段落文章，一定要烂熟于心。语文学习一定要分门别类，不要眉毛胡子一把抓。多做阅读理解题，多背诵优秀的范文，触类旁通。经常练习作文，并把自己的作文与优秀作文相比，找出差距，不断提高。"

语文博士海名威豪迈地说："说得好，本公子就是这样做的。"

马儿跑说："要得，我在北大中文系等着你。"

云儿飞接着说："文科着重于记忆力，理科着重于思考力。我听大海的父亲说你用学习文科的办法学习数学，这是不可取的。"

海名威耸耸肩："然也。"

云儿飞继续讲授："数学是别的自然科学基础，考试数学不是考你记住了多少公式、定理，而是考验你运用所学的知识，全面、灵活地分析问题和解决问题的能力。对于定理、公式和法则，适当记忆是必要的，更重要的是深刻理解、综合运用。要多做题，更要从做过的习题中总结经验，寻找规律，举一反三。不要单纯为做题而做题，而是做完后多考虑这个题型属于什么？能否归结于其他题型？解题思路是什么？为什么要这样解答？还有无其他方式？这样反复琢磨，经过一段时间的量的积累后，你会惊喜地发现自己的解题思路和方法产生质的飞跃，以前打怵的难题竟变得迎刃而解。”

“谢天谢地，我就是这样做的。”“沈佳仪”、学习委员姚云说道。

“棒极了，我在复旦数学系等着你。”云儿飞赞道。

前面是一段长着高高芦苇的深水区，胖脸蛋提示大家小心。小机灵提议："干脆这样，男生背着女生过河。”

女生拍手叫好。

海名威说："我背女状元，你要多传授点经验。”

马儿跑说道："你还是背‘沈佳仪’吧，我女友不劳您大驾。”

“原来状元也会吃醋啊。”纪德妹调侃道，“哪个男生来背我？我的男友绝对开心。”

申老师笑着说："好呀，互相帮助的好，只是我这个老大姐没人背。”

“我来！我来！”所有男生都争抢。

大家说笑着继续前行。

过了深水区，女状元继续讲授经验："物理有个特点，那就是看上去简单，但是解起题来越解答越复杂。这就需要我们在平时的学习中一定要培养几种能力，那就是理解能力、推理能力、分析综合能力、应用数学解决物理问题能力、实验能力，平时要有意识地培养这些能力，复习的时候要强化这些能力。有了这些能力，你就会驾轻就熟地考好物理。”

小机灵吴建华说：“恭喜我吧，我就具备这几种能力。”

小精灵纪德妹说："那我在美国夏威夷等着你，等你去做清洁工作。"

小吴嗔怒道："信不信我把你塞进芦苇里？"

大家哄笑。

云儿飞继续讲解道："化学课程需要背诵的东西很多，将来你们学习化学的时候，一定要培养兴趣，克服枯燥无味的心理，还要多记忆，多实验，在此基础上解答化学题，你会感觉很轻松。"

马儿跑归纳道："讲了这么多，归根结底一句话，功夫最怕有心人，学弟学妹们平时多用心，坚持不懈，前程似锦。"

听两个状元讲授经验，同学们心情亢奋，茅塞顿开，感觉眼前功课上的拦路虎不足为虑，对前程充满了信心。

说笑间，师生们穿越河间芦苇丛生、河边树木林立的河口于家村，来到小清河入海口处。大家在黑松林坐下歇息，烧鱼汤，烤野味，展望未来，美哉悠哉。

神奇的一万小时成功定律

语文博士海名威的童年很幸福，有一个双职工家庭，有一个特别疼爱他的房东姥姥刁彩玲。

刁姥姥在南园种了棵老杏树，一到夏天长满了黄澄澄的杏子。非常宽厚大方的姥姥经常摇晃树，掉下杏子后捡起来，用围裙兜给生产队场院的孩子们吃。如今老姥姥早已作古，但是茂盛的老杏树还蓬勃生长，结满果实。

一个夏天的午后，海名威拿着本《明朝那些事》，爬到树杈上骑坐着，津津有味地读着。

正看得入迷，忽听树下有脚步声，他低头一看，只见两个很俊的女孩子在树下叫道："海哥哥，你在树上干啥？"

原来是本村的两个漂亮姑娘：小强和美霞。

大海欢喜地叫道："两位美女快上树，我请你们吃杏子。"

小强灵巧地爬到杏树的北叉坐下，美霞爬不上去，海哥哥把她拉上去，在身边坐下。

小强说："海哥哥是这样的，美霞今天着了魔，非要参加一个为期90天,学费8000元的音乐速成班,说是能将一个音乐门外汉速成为歌唱家。"

美霞说："那授课老师是从欧美长期深造回国的大师，造诣可深了去了。"

大海摘下个大杏子，一下塞进美霞嘴里，说："你一口咽下去吧。"

美霞马上吐出，笑道："你想害死我呀？"

大海说："你个无知的丫头，我先问你，这本《明朝那些事》的作者你知道吗？"

美霞道："当然知道，不是当年明月吗？"

大海说："回答正确。但是你知道明月能成才经历多长时间吗？"

美霞道："参加了几个速成班？"

大海拽拽美霞脑后的马尾巴长发说："傻丫头，5岁时开始看历史，《上下五千年》他11岁之前读了7遍,此后开始看《二十四史》、《资治通鉴》，然后是《明实录》、《清实录》、《明史纪事本末》、《明通鉴》、《明汇典》和《纲目三编》，总共看了6000多万字的史料。他就这样不间断地看了15年，每天都要学习两小时以上。把这几个时间和数字相乘，约等于 10800 小时。这就是国际公认的成功与一万个小时关系，也就是'一万小时法则'，这观点是在对成功者进行了大量调查研究的基础上得来的，20 世纪 90 年代初，瑞典心理学家安德斯·埃里克森在柏林音乐学院也做过调查，学小提琴的都大约从 5 岁开始练习，起初每个人都是每周练习两三个小时，但从 8 岁起，那些最优秀的学生练习时间最长，9 岁时每周 6 小时，12 岁 8 小时，14 岁 16 小时，直到 20 岁时每周 30 多小时，共 1 万小时，明白吗？"

小强说："我知道了，有两本书讲述这个法则，一本是丹尼尔·科伊尔的《一万小时天才理论》，一本是麦尔坎·格拉德韦尔的《异类》。两人都是美国的畅销书作家，两本书有个相同的观点——成功需要一万个小时的精深练习。"

大海说："恭喜你，都学会举一反三了。格拉德韦尔一直致力于把心理学实验、社会学研究，对古典音乐家、冰球运动员的统计调查改造成流畅、好懂的文字。在调查的基础上，他总结出了'一万小时定律'，他的研究显示，在任何领域取得成功的关键是需要练习 1 万小时——10 年内，每周练习 20 小时，大概每天 3 小时。"

小强说道："这个观点太绝对了，意思是不管你做什么事情，只要坚持一万小时，基本上都可以成为该领域的专家。但这需要个前提，也就是咱前面申老师给讲述的具备相关天赋问题，比如美霞没有音乐天资，却偏要下血本走这条路，这不是像宋徽宗不做艺术家而去做皇帝吗？"

大海说道："小强说的一针见血，忽视个性强调共性，以偏概全，攻击一点不及其余，这都是庸俗励志的表现。

美霞，你虽然音色很好，但是离歌唱家的道路还十分遥远，你不考虑脚踏实地地走过漫漫长路，反而想走捷径，你想想有成功的可能吗？如果音乐家可以批量制造，那样岂不是全民都能歌唱？"

小强说："现在很多励志读物不负责任地乱讲话，比如有说知名武侠作家沧月完全靠努力成功，说她5岁以后开始博览群书，10岁左右练习写武侠小说，读本科和研究生的7年半时间，更是每天花上六七个小时来写小说。单是大学期间所练习的时间，就远远不止一万个小时，所以她大获成功。这样说法忽略了一点，那就是沧月从小就具备文学天赋，所以能够得心应手地写作。在练习的这些年中，她始终保持着旺盛的精力和浓厚的兴趣，从不会觉得乏味。如果让韩寒去攻上一万个小时的数理化，能有个啥效果？"

美霞如梦方醒："多亏你俩开导，否则我爸爸明天就带着巨额学费去送本姑娘参加速成班了。"

大海调侃道："我和小强一席话，为你家节省8000元，你怎么感谢？"

美霞脸上飘满红云。

彩虹第五道　展现＝惊天雷

诸葛亮必须出茅庐

小强母亲比较低调，她不喜欢女儿四处演出，要求她老实地上学，放学后乖乖地待在家。

申老师得知后，主动去找小强母亲做工作，俩人在一望无际的北面田野相遇。

申老师启发道："现在是信息社会，早已经不是酒香不怕巷子深的时代了。如果诸葛亮连续三次拒绝刘备邀请，坚决地留在茅庐隐居，那么历史上多了个默默无闻的隐士，少了个千古流芳的美好形象。同样道理，每一个拥有特殊本领的人，必须适时展示出来，这样才能走向成功。你听说过苏珊大妈的故事吗？一个接近50岁的大妈一夜之间变成明星。"

小强母亲说："还有这样的事情？"

申老师讲道："2009年4月11日，英国独立电视公司著名的选秀节目《英国达人》中，苏格兰女歌手苏珊·博伊尔上了台。她极不招人喜欢的'四点'（47岁的年龄有点大，身材臃肿有点雷人，一头乱发打扮有点老土，说话有点语无伦次），使得评委很是不屑。音乐响起，苏珊演唱音乐剧《悲惨世界》中的曲目《我曾有梦》。浑厚而富有磁性的天籁之音震撼了全场，所有的鄙夷瞬间化成了倾慕。掌声雷动！这一幕，成为 2009 年 4 月中旬全球网络点击量最高的视频。"

小强妈感兴趣地问："后来怎样了？"

申老师回答道："半决赛中，苏珊大妈凭借自己的完美音质再次赢得了由观众投票选出的最佳歌手奖，成功晋级最后决赛。虽然惜败于歌舞组合 Diversity，但是全世界已经记住了这位自强不息的大妈，并为之深深感动！大妈成功了，成功来自于平日的艰苦努力，也来自关键时刻的大胆展现！否则，深藏闺中何人问？"

申老师问道："如果朱之文不去参赛，他现在会是啥样？"

小强妈说："还只是个普通的会唱歌的农民。"

申老师欢喜地回答："恭喜老大姐开窍了。"

坚持不懈地秀出自己

小强母亲听了申老师的一席话，感觉豁然开朗，回家就和小强父亲说了，很多乡亲也感兴趣，觉得自己的孩子也是那块料，希望申老师找机会多讲讲这方面的成功范例。

申老师领着乡亲们在西海洼黑松林里边搂草、摘松子，边畅谈怎样秀出自己。

申老师激情讲道："发达需要资源。多数朋友生活在落后地区，家境贫寒，举目没有官员亲戚，有了他也不愿意提携你。你生活在社会的最底层，像潜游水底的小鲤鱼，内心向往着跳跃龙门，翱翔蓝天。你有希望实现梦想，只要你有颗强烈进取的心，只要你还有点微薄的资源，那么你的前途依然辉煌。这时的你，千万不要自暴自弃，你要自强不息，充分地积累个人资源，达到一定程度后，你就大胆地亮相，拼搏获取新资源。你会攀登到新的高峰，人生也亮丽起来。《星光大道》2005 年度总冠军阿宝奇迹体现了这点。阿宝是一位历尽艰辛、真正来自民间的艺人，他创造了一个声音的传奇，书写了人生的辉煌。"

小强母亲插话道："就是拥有金属般的音色、闪电般的穿透力和极其罕见的高音的阿宝？"

申老师说道："对，就是他。阿宝从小酷爱唱歌，受老八路父亲的影响，他非常喜欢郭兰英那种土民歌，对民歌领悟快，对山西、陕西和内蒙古的民歌特别感兴趣。有天赋的人，幼年就能在某方面出类拔萃。他四岁就曾跟文艺宣传队登台独唱，六岁就可以把《兄妹开荒》全部唱下来。试问这个年龄的幼童有几个能达到如此高度？他喜欢在旁边静静地听老艺人唱，荒野和农田成了小阿宝一个人尽情歌唱的大舞台。他 12 岁时曾经以特别优异的成绩考上大同艺校，因故没去成。虽然没有机会接触音乐教育，但他自幼对民间音乐耳濡目染，再加上乐感好、声音蹿高走低，音域宽广，收放自如，很快就拥有了可以骄傲的资源，有资本闯荡江湖了。有了宝剑不亮出，藏在深山，天长日久，必然生锈。1986 年阿宝闯荡到了山西大同唱歌，而且专唱西北民歌。可是，每次在赛场上，他总是被评委、专家认为'唱法不正宗'、'发声方法不科学'，参加比赛首轮就被淘汰，所有专业艺术团都将其拒之门外。假如就此沉沦，自暴自弃，阿宝就不是今天的阿宝了。他没有气馁，而是百折不挠，越挫越勇。他到西北一带搜集民歌，请教老艺人，然后根据自己的嗓音特点进行琢磨。每学一首歌，他喜欢把很多人唱的版本都研究一遍，然后再进行加工。他回忆说，'在不少原生态的民歌里，我会加入一些通俗的成分演唱，因为这样才能贴近大众，也容易被大家接受'。有志者，事竟成，破釜沉舟，百二秦关终属楚。阿宝在民间的广阔土壤里顽强地生长着，这个放羊娃那尖利豪放的嗓音，给人耳目一新的感觉。他锻造了金属般的音色、闪电般的穿透力和极其罕见的高音，那淳朴自然、发自心底的呐喊感动了无数心灵，在中央电视台名牌栏目《星光大道》中，'土八路'阿宝将周冠军、月冠军、年冠军逐一地收入囊中，成为首位正式在全国发行唱片专辑的乡土民歌手。如果阿宝不是竭尽所能地展现自己，也完全没有今天功成名就的阿宝。"

小强父亲恭敬地递过几个松子："老师辛苦，吃个松子再说。"

申老师道谢后，继续讲解道："要歌唱的特别棒，你一定要表现出来，而且这样的机会多的是。2006年度的《星光大道》季军李玉刚，中国歌剧舞剧院院长林文增称赞他是'一个划时代的青年表演艺术家'。陈鲁豫称其为'特别有演艺才华的人'。他那柔美的体态，轻盈的步伐，温柔的眼神，美目流转，顾盼生辉，给观众留下深刻印象。小李1978年生于吉林公主岭，吉林是闻名遐迩的二人转的发源地，母亲陈淑云是当地有名的二人转演员，由于母亲的熏陶，小时候的李玉刚便崭露出极强的艺术天赋。小学时，便已成为远近闻名的'歌唱家'，模仿能力特强。对地方戏曲也非常精通。学校只要有演出，就是他和另外一个女孩领唱。想进艺术学校，但是没能如愿。幼年凄惨之极，曾与乞丐一起讨饭，在歌舞厅、夜店、浴池靠反串演唱为生。他在浴池打工时，一个偶然机会，参加一豪华婚礼中的演唱，一举打响。小有名气后，参加各种场合的演唱。在朋友的鼓动下，登上星光大道比赛。他那模仿女声的唱法，比女声唱的还动听和逼真，活生生的梅兰芳再世。《枉凝眉》唱的是珠圆玉润，《杨贵妃》舞的是颠倒众生。一曲《铁血丹心》，他一个人进行男女双重唱，和原唱的罗文、甄妮没啥区别。《贵妃醉酒》将贵妃那眼波流转间的柔情、举手投足时的娇媚、勾魂夺魄的感性力量表达的淋漓尽致。他在《星光大道》走红后，越飞越高。2009 年 2 月 23 日，是他一生中最值得庆祝的日子，这位四处漂泊的明星终于拿到了中国歌剧舞剧院的大红'聘书'，正式成为这个中央级艺术院团的独唱演员。"

一位学生家长说道："我认识的一个十岁出头的女孩子，舞蹈特别超群，还获得地区大奖。但是家里不供她深造，天分付诸东流。"

申莉老师诚恳地说："所以我拜托各位，如果您的孩子从小有这样的天赋，一定别埋没，必须想办法挖掘出来。到一定程度后，坚决去表现出来。"

乡亲们纷纷点头。

大胆展现，鱼跃龙门

东寿同学从小患小儿麻痹症，一条腿细如麻秸，走路一点一点的，被小机灵吴建华讥讽为"铁拐李"、"地不平"。

东寿非常痛苦，不想念书了。

申莉老师严厉地批评了乱起外号的行为，然后组织麀下的"八大金刚",约着东寿同学,在一个雨后的下午,来到小清河的桥头,一起观赏天上的彩虹。

姚军用她那柔软的歌声安慰东寿:"走出户外,让我们看云去。"

申老师说:"东寿同学一定要振作起来,你的闪光点非常多,完全可以走出灿烂的人生路。下面请咱们的百灵鸟姚军同学讲述陈州这个无腿歌手的命运天空,如何从愁云密布到阳光明媚。"

姚军像个大医院护士一样,温柔地讲述道:"陈州的事迹对你很有启发,请仔细听。"

天降厄运——13 岁,他被火车碾去双腿

陈州是山东省临沂市苍山县人,出生于 1983 年。1995年,13 岁的陈州开始了流浪乞讨的生活。这一年 5 月份,流浪到潍坊昌乐的陈州想去济南,由于没钱买票,他选择了扒火车。火车出发后,他发现自己坐错了方向,情急之下便从火车上跳了下来,但巨大的气浪把他双腿吸进火车轮下……

大约半个月时间,陈州出院跟爷爷回到家中。巨大的痛苦开始了,吃喝拉撒全在床上。由于家里实在困难,几个月后,爷爷便带着他外出乞讨维持生活。

男儿当自强,做个无腿硬汉

可怜的陈州在街头要过饭、给人擦过皮鞋、卖过报纸、修过电器,最终选择了做流浪歌手的道路,找到了属于自己的事业。

1997 年,在浙江嘉兴街头,陈州遇到了一个在街头卖

艺的残疾人。两人心有灵犀，相视一笑。陈州被邀请到"舞台"中央，为观众献歌一曲。陈州动听的歌声受到观众赞扬，也打动了那位残疾艺人，两人最终成为合作伙伴。

大约一年后，陈州开始了独自一个人在街头卖唱的生活。这么些年，他走遍数百个城市演唱。

收获了甜蜜的爱情

2001年5月，陈州到江西九江演出。冥冥中莫非真有天意？他把摊选在了一个服装店门口，恰巧一个叫喻磊的女孩在店里卖衣服。从第一次演出开始，女孩就在那看。一直到演出的第八天，陈州才敢和她说话，他们互相留下了联系方式。天意再次降临，九江下了28天的梅雨，无法离开的陈州，只好天天在喻磊的店门口卖唱。这难得的28天，喻磊深深地爱上了陈州，并主动向陈州表白。

陈州开始并不相信这突如其来的爱情，他不愿意连累这美丽的姑娘，极力疏远她。但是喻磊坚定不移地爱着他，非陈州不嫁。苍天虐待了陈州的身体，却赏赐了他美好的爱情。

这美丽又贤惠的女孩顶着各方压力和陈州一起走上了流浪的路。他们一边卖唱，一边流浪，还生了一对可爱漂亮的儿女。

陈州深有感触地说，"我觉得这简直是上天对我的恩赐，所以就算是为了他们，我也会好好地活下去"。

歌声让青春闪亮

失去双腿的陈州行走要靠两个方形小木箱，双手分别握住木箱的提手，两只手交替着前进，屁股左右坐在木箱上，行走过程中完全靠双臂的力量支撑起整个身体。双手提着木箱交替前进，陈州就这样，挪着身体挑战泰山，第11次爬泰山，谢绝别人帮助，完全凭借自身体力。

在歌唱事业上，陈州收获丰厚。每天晚上，他都要到街头演唱，数以百计进账，维持了小家庭。

在山东综艺台《我是大明星》的演出比赛中，陈州的歌声和故事一样打动了评委和观众，他得以过关斩将，一路挺进决赛，获得季军。曾10次用双手登顶泰山的他多次表示，要用歌声感恩回报社会。

海名威有感而发："看到陈州的人生历程，你会感受到不管到哪种地步，都不要自暴自弃；歌唱最容易改变命运；上帝关上一扇门，很可能给你打开一扇窗。"

申莉老师总结道："不幸的陈州有幸运的天赋：一是拥有郑智化、姜育恒般的歌喉，二是拥有典型男子汉的相貌。第一个天赋使他成为一名优秀的流浪歌手，结合第二个天赋，以及他那积极乐观，豁达开朗，自强不息的精神，使得美女看中，主动抛洒红绣球。陈州得到了良性循环：天赋和常年坚持的汗水，得到了贤惠的伴侣，伴侣无微不至地照顾丈夫的生活，也助推了他的事业。他在《我是大明星》的展现更使这个残疾人青云直上，黯淡的命运日益璀璨。那么东寿同学想想看，你的条件比陈州要好得多，为什么要悲观沉沦？你看天空那道属于你的彩虹多美丽！"

东寿同学感激地说："谢谢莉莉姐，我明白了。"

彩虹第六道　才艺＝补天石

申莉老师带的这个班级里的同学都奋发向上，不管学习成绩高低，都在向着成功的大路飞驰。

而别的班级里有不少学习成绩差的同学遭受老师批评，家长责骂，他们感受到命运的天空阴霾重重，整日情绪低落。

申莉向校长提出帮助这批学生改变精神面貌，有的教师不以为然，说他们学习成绩糟糕，哪里还有美好的未来？

申老师反驳道："学习成绩不好就没了好前程吗？这个观念早已落后于时代。只要有梦想就会有奋斗，只要有奋斗就会有成功，条条大路通罗马，为什么总是把目光局限在学习成绩上？"

有老师诧异地问道："那还有啥前景？"

申老师说："我们当老师的和当家长的不能嫌弃自己的学生、孩子，应该用爱感化他们，用成才的文体明星来引导他们，使他们坚信即使学习成绩太烂，只要在其他领域奋斗，照样能有辉煌人生。"

校长和教导主任高度赞成申莉的做法，号召全体教师向申莉学习，争做特级教师，争做学生的贴心人。

周六清晨，申莉老师集合起麾下的"八大金刚"，带着各个班级的差等生，早早坐上了赶赴德州的长途汽车。

电脑博士孙静问道："我们为啥要到这个没名气的地方旅游？"

申老师回答道："第一，德州不是没名气的地方，这里历史悠久，精美的黑陶器物距今已有4000多年的历史。早在旧石器时代，我们的祖先就在这块土地上生息、繁衍。第二，我们这次不是为旅游，而是认真学习，转变思路。"

胖脸蛋陈立浩问小精灵纪德妹："到了你的故乡，请我们吃啥？"

纪美眉自豪地回答："我请你们吃德州扒鸡、禹城扒鸡、德州西瓜、乐陵小枣、德州大驴、中华蜜酒、古贝春酒、禹王亭特酿、祝阿特窖、鲁北白山羊、大尾寒羊、山羊板皮、夏津抱头毛白杨、红荆条、天花粉、禹城辣椒、禹城红麻、枸杞等。"

大海说道："光请我们吃吗？有无好看的？"

纪美眉说道："还要请你鉴赏夏津白玉鸟、德州黑陶、德州菊花、宁津景泰蓝、夏津手工艺花、夏津印花蓝布、庆云草帽辫、草柳编制品、地毯，够意思吧？"

满车欢歌笑语，笑声洒满大道。

客车飞驰在宽阔的平原，庄稼绿油油的，一眼望不到边。很快，车到了德州临邑八里庙村。

纪德妹带领大家采访了著名的"草地哥"钟蒙修。

师生们进入院子。这个小院是几年前花了一万多块钱买下来的，是一个二十多年的旧院子。钟蒙修的房间是离鸡舍最近的一间，墙皮因为年久也都脱落了，整个房间除了一张窄小的床，几乎没有任何家具。只有屋里的一个音响，引起了大家注意。

经过认真仔细的采访学习，一个爱好唱歌而且一举成功的农村男孩儿的辉煌青春路，越来越清晰地展现在大家面前。

钟蒙修五六岁时就喜欢唱歌了，到后来，唱歌对他来说已经是生活不可缺少的东西。平时走路，在田间地头干活的时候都会唱歌，甚至喂鸡的时候也唱，家里那五百多只鸡都当过他的听众。钟蒙修说，鸡也通人性，有时会乱叫、会炸笼，但只要我一唱歌，它们会平静下来，就恢复到很正常的状态，感觉鸡能听懂人要表达的意思。

悲剧的是草地哥念完小学就不念书了，他开始了一个人打拼之路。唱歌完全是自己琢磨的，独自在家练习，没受过专业训练，没老师指教。唱歌就靠自己买光碟，在电视上看到后模仿练习学会的。尽管不懂英语，但他很喜欢邦乔维和皇后乐队的歌儿，模仿演唱的生动逼真。

为了满足唱歌心愿，他一直在寻找各种去比赛和演出的机会，平时哪儿有开业庆典需要他唱歌，也会去，不是为挣钱，只为能有唱歌的机会。其实那种演出有时候会给个几十块钱，有的干脆也不给钱，他就是想多争取点儿机会唱歌。

农村的环境决定了他奋斗的艰难，想找机会唱歌儿是很不容易的，而且周围的人甚至家人都不太支持他的演唱事业。家人最朴实的想法就是唱歌也赚不了什么钱，不顶吃不顶穿，有那精力和时间还不如好好种地，踏踏实实过日子。

孤立无援的钟蒙修深深地感到作为一个异类的艰辛，

但他坚信人人都有梦，他的梦想就是演唱，必须把梦变成现实。于是，各类选秀节目就成了他追逐梦想的地方。

辽宁卫视在引进全球顶级音乐选秀节目《X Factor》模式基础上，于2011年推出了一档特别火的大型音乐选秀节目——《激情唱响》，引起了小钟的关注。第一次北京地面海选的日期是2011年5月10号，他看到广告的时候，离截止日期已经没几天了！

小钟激动万分地跟家人商量要去，但被泼了一头凉水，家里人态度冷淡，不愿支持。平时的零花钱都是母亲给他的，母亲也坚决反对。但小钟坚定不移：我意已决，非去不可！他直接买了火车票就走，也没特意准备衣服，就将他平时下地干活养鸡的衣服穿走了。到了德州火车站，他花了27块钱，买了一张最便宜的硬座，坐了六七个小时才到北京。

这个寒酸的农村小伙子不舍得80元一夜的住宿费，就在宾馆门前的草地上睡了一夜，被网友戏称为"草地哥"。

2011年6月，这个土里土气的大男孩站在第一期节目首播的舞台上。只见他上身穿着一身皱皱巴巴的旧西装，下身穿一条挺短的吊脚裤，黑色的布鞋前面已经被脚趾顶得破了洞了。当他操着浓重的乡音开口说话的时候，全场发出了一片笑声。大伙儿就嘀咕，这乞丐式打扮的主儿会唱歌吗？开国际玩笑吧！但就是这样土气的年轻农民还整出一句深刻文雅的说辞——"我就感觉音乐在我血液里流淌着，我感觉我的生命中不能没有音乐。"

观众更笑了。

音乐响起，风云突变。钟蒙修一张口，全场肃然起敬，掌声不断！钟蒙修把一曲《背叛》演绎得十分完美：

独特的嗓音、精确的音准、风味十足的明星范儿、良好的舞台感觉，形象和歌声的巨大反差强烈震撼了全场，将评委陈羽凡感动得当场落泪。

钟蒙修依靠自身雄厚的实力在短短三分钟内征服观众，使他们从开始的笑声到后来的惊呼声，再到全场自发地起立鼓掌。而且评委们全都给他 YES，直接晋级。虽然最终没进入总决赛，但已经是大获成功。世界著名唱片公司为他灌录了数张唱片专辑，成为《激情唱响》人气选手、2012 年《激情唱响》招募大使。

申莉感叹道："一个农民孩子拥有自己的梦想很艰辛，坚持自己的梦想太崎岖，实现自己的梦想更艰难。没有捷径，没有靠山。相信自己，依靠自己，让人生更灿烂，让青春更闪亮。"

语文博士海名威演讲一样地讲述唱歌方面的成材故事："假如您有一副美丽动听的歌喉，目前还是边缘人，再穷也不差钱，赶紧筹措钱，哪怕乞讨也没关系，买车票，到北京，中央电视台，找毕姥爷，上《星光大道》，溜光的大道，通天的大道。《星光大道》是百姓的舞台，进入的门槛很低。但并不是任何人都能上，正如主持人毕福剑所言：五音不全您别来。《星光大道》是造星的舞台。只要混出个名堂，发达的轨迹清晰明了：周冠军—月冠军—年度总冠军—央视春晚—广告代言——大获全胜。

来自利比里亚的 28 岁航天机械师、黑人小伙子郝歌获得 2006 年《星光大道》第一个月的月冠军之后，立即被华艺星坊——刘欢音乐工作室公司相中，并签约。成为亚军后，更是红火。《星光大道》转播空隙，经常看见《星光大道》2008 年度总决赛的冠军张羽，小伙子仪表堂堂，是来自大连的汽车修理工，地位不高，但拥有宝贵的资源——一副金嗓子。他那悦耳嘹亮的声音，让人感觉是张雨生再世。决赛那晚，小张克服身体和心理压力，不畏强手，沉着迎战，用那天籁般的金属嗓音，征服全场，出现了少有的嘉宾、评委、观众一致推崇的景象，特别是得到了包括动力火车组合在内的演艺界嘉宾高度肯定和喜爱。

多年沉寂无人问，一朝成名天下知。

其实只要达到月冠军，甚至周冠军，就可以经常出席些大规模的活动，就可以说自己成功了。连那个失足少女王晶，在《星光大道》上一曲惊人，马上被某个公司录取为正式职员。

不管你多么的贫穷寒酸，地位多么的卑下，都可以去露一手，展现风采。到《星光大道》去，能拼个周冠军就算胜利，但只要你露出惊人的资质，没得名次照样会有出人头地的机会。记得一个几岁的小孩，比赛的时候被淘汰了。他哭得很伤心，老毕安慰他。很快，央视春晚，大陆、中国台湾一对著名的男女歌星演唱，他配合演出，红火极了。"

胖脸蛋陈立浩讥讽道："你就像《射雕英雄传》中的裘千丈一样，夸夸其谈却没有真功夫，你既然那么明白唱歌能红火人生的道理，那还等什么？快去唱呗。"

语文博士海名威惭愧地说："唉，遗传基因不允许。全国百姓都想去，都想感谢毕姥爷的八辈祖宗。谁的资源丰富，开掘的到位，谁能从小打造才艺，谁能够充分利用青春好年华，谁才能捞到感谢的机会。去那个舞台的前提是，你要真的有两下子，要能海选进入，大多数连第一关也进不去，登台亮相的机会也捞不着。要把对手挤下来，否则就被人家挤下去了。可惜你们海哥文采灿烂，但唱歌像说话一样。"

歌唱家姚军评点道："唱歌是所有文艺活动中最需要资源的一个领域。资源越丰富，优势越大，胜出的机会也就越多。具体地说——女的比男的占据优势；俊女比丑女优势；少数民族朋友更有优势；又会唱歌又会跳舞的比只会唱歌的占优势。2009 年度《星光大道》总冠军旺姆就是个例子。开始我就认定，她十有八九就是总冠军，事实果然不出我所料，我又一次给美女算对了'命'。要论唱歌，她不如辽宁的张晓棠，曾经被张打败过。张美女的嗓子那个亮堂，可惜她最拿手的只有《枉凝眉》；甚至旺姆的唱功还不如第五名黑妮和季军刘向圆，但是后两者不会舞蹈，才艺单调点，而且黑妮年龄、刘向圆形象均不占优势；要论通俗唱法、酷帅形象，旺姆也不如亚军——黑龙江帅哥关键，但是关键舞蹈一般，而且唱歌技艺也不是像阿宝、阳光那样超群。旺姆选择的节目未必都是最合适的，好几次我都替她捏把汗。但是，这位西藏美女多才多艺，能歌善舞，魔鬼身材，把西藏民族艺术表达得淋漓尽致，冠军当然非她莫属了。"

立志成为歌星的瓜子脸美女仲伟霞敬佩地说道："美女能在歌唱事业上做大，即使有残疾的男士也有成功的可能。盲人歌手杨光在 8 个月大的时候，因为一场疾病而双目失明。然而杨光非常乐观、坚强，从小学习钢琴和作曲。歌声嘹亮爽朗，他自强不息，微笑着迎接每一天冉冉升起的太阳，成为《星光大道》年度总冠军。"

文艺委员仲伟强归纳道："相貌艳丽身材苗条的美女（稀缺资源）＋会唱歌的美女（更稀缺资源）＋会跳舞的

美女（十分稀缺资源）＋少数民族的善于歌舞的美女（特别稀缺资源）＝旺姆的成功。"

特级教师申莉对差等生们说："大家看到了吗？即使同学们功课实在拼不上去，你们的人生也没有毁灭，而是完全可以走出一条属于你们自己的道路。你们的条件要比钟蒙修优越，为什么要怨天尤人？"

差等生脸上露出了久违的笑容。

申莉说道："按照普通人的片面看法，一个学生如果学习成绩不佳就和塌天了一样糟糕透顶，但当今社会恰恰为有才艺的人提供了各种展现的机会，你完全可以用才艺来弥补塌下来的学业天空。最近还有个比较鲜活的例子，那就是铁岭市民间艺术团一名普普通通的服装管理员陈曦，她的奋斗经历和心路历程感动了很多人，也给我们带来很多的启示。"

姚军兴奋地说道："我看了她两次比赛，唱得真好，小小的身躯竟然能爆发出如此强悍而又优美的声音。身材矮小瘦弱的陈曦有着超乎寻常的爆发力，她特别擅长高难度的高音表达，演唱过程中激情饱满，富有深情，感染力强，征服了现场的观众和评委。陈曦以自己的实力获得了月冠军，同时也赢得了《星光大道》剧组全体工作人员和500多名观众的喜爱。每次陈曦走下舞台，观众们甚至其他选手的助演一拥而上，争相与她合影。一位观众拉着陈曦的手说，'加油！你太棒了，我就喜欢你，整个晚上我都在喊你的名字，嗓子都喊哑了'。毕福剑高度赏识她，夸这是个接地气的选手。"

申莉老师讲道："从小就喜欢唱歌的陈曦，天生一副好嗓子。无论民族唱法、通俗唱法，还是东北的二人转、拉场戏，她唱得有板有眼。但上苍并不厚爱陈曦，给了她1.5米高的身材，导致她多次报考很多艺术学校都惨遭淘汰，尽管成绩优异。在进入铁岭民间艺术团前，她曾当过超市售货员、卖过包。进团后，又因为恼人的身高，没能登上梦寐以求的舞台当一名专业歌手，而是做了化妆师，继而是服装管理员，当歌星的梦想屡屡受挫，但她的艺术理想没有破灭。做服装管理员整整四年，每次看到团里的演员在台上演出，她的心里都酸酸的，梦想着自己有一天也能站在舞台中央引吭高歌。每当排练大厅人去屋空，她就会一个人躲在里面，对着镜子练身段、练发声，回到家里听着录音机学段子。她说'我一直在鼓励自己，专业的舞台也许没有我的位置，但终有一天我会在草根舞台上找到表现才艺的机会'。功夫不负有心人，只要有实力，机会一定会降临的。姚军，你对歌唱有研究，接下来的故事由你来说。"

歌唱家姚军讲道："陈曦默默地做着服装管理员的工作，梦想的火焰不仅没有熄灭，反而熊熊燃烧。《星光大道》海选的消息使这火焰燃烧得更强烈了！自信心满满的陈曦瞄准《星光大道》舞台，在同事的鼓励下（人脉起作用）报名参加了《星光大道》海选。送审的节目通过海选，经过精心准备，在今年春的周赛、月赛中，这位小个子女孩一路过关斩将，夺得周赛、月赛冠军，目前正备战年赛，而且得到了《中国好声音》剧组的关注和邀请。"

申莉老师总结道："娇小女生陈曦靠过硬的唱功有力地弥补了人生的缺失，命运天空开始绚丽多彩。可以说，才艺等于补天石。"

一个又粗又笨的大块头男生苦恼地说："老师，俺也特想唱歌，但是没有人家的天分啊，一唱歌就跑调，我再努力也不可能成为草地哥，您说我该怎么办？"

大海笑道："哈哈，这哥们和我一个样。"

申莉老师热情开导："道路有的是，何必拘泥唱歌？明天我和小纪带你们去看德州陵县的另一位明星走的人生路，准会给你启迪。"

同学们感叹道："德州真是出文艺明星的地方。"

🌿 铁下巴顶出新天地 🌿

当晚，大海等男同学和小纪等美女们饱餐德州扒鸡，又唱又跳，今夜无人入眠。

第二天，大家又精神抖擞地到了草地哥的老乡——孙朝阳那里采访学习。

这更是个传奇人物，靠下巴顶出一个红彤彤的新天地。

蒙古巴特尔般健壮的孙朝阳在比赛场上生龙活虎，但面对采访腼腆得像个大姑娘。他的德州老乡纪德妹如数家珍地向师生们介绍，一幅燃烧青春苦练成才的画面清晰地展现出来：孙朝阳今年27岁，但练习"顶技"已经有20多年了。他出生于德州陵县边临镇寨门刘村，从小家境贫寒，父亲腿部残疾，靠着街头卖艺和打铁挣点辛苦钱贴补家用。

为了维持生计，孙朝阳五岁起就跟着父亲走乡串村，四处要把式卖艺为家还债。孙朝阳从小活泼好动，爱唱爱跳，小小年纪模仿能力就极强！每天看着父亲说书、变魔术等表演，他就跟在父亲身后，一招一式地跟着学。慢慢学会了顶碟子、翻跟头、骑单车、马术等。因为痴迷于练习，他曾被人嘲笑，甚至遭到戏弄。

尽管非常辛劳，但仍收入微薄，孙朝阳小时候穿的衣服大多是乡亲们送的。到小学二年级，他不得不辍学回家。有机会就卖艺，不卖艺就跟着父亲打铁。父亲打锤时，孙朝阳就把大锤放在下巴上顶着玩，慢慢地，下巴越来越厉害。而寨门刘村能人辈出，演艺传统源远流长，许多人都功夫精湛，流动表演的艺人多如过江之鲫。没有出类拔萃的功夫无法脱颖而出。

悟性极高的孙朝阳逐渐摸索出属于自己的门道——练习"顶技"，而且用下巴，而不是别人用脑袋顶东西。练习"顶技"最难掌握的就是平衡的技巧，表演中必须要达到百分之百不出差错，稍一疏忽，既导致比赛失败，还有可能伤到观众，为此，孙朝阳一招一式都反复练习无数遍。

熟能生巧，巧能出精。为了演出效果，他会应观众要求顶一些奇怪的东西，比如冰箱之类，难度也逐渐加大。后来表演时，他用下巴顶物加上特技动作，比如开始顶一把梯子，逐渐梯子上放上一个小孩，然后又改成大人，用他的话是"玩就玩刺激、高难度的"。这个创意出奇制胜，观众好评如潮，演出现场气氛高度热烈。他更加认真地咬牙苦练，顶技逐渐地出神入化。

没有人会随随便便地成功。惊人的"铁下巴"练成是孙朝阳以付出大量血汗为代价的。他的下巴从刚开始练习时的出血，到慢慢结上厚厚的一层痂，痂掉了长出坚实的茧子，越练越硬实，越灵巧。

任何人必须面对冷酷的现实，那就是不管你有多大的本领，维持温饱是第一位的。年轻的胖小伙孙朝阳在建筑工地拉沙子、搬砖、推车，然后又出海捕鱼，帮别人卖蔬菜。在漂泊奋斗的日子里，这个有志青年始终没有停止过练功。就像朱之文休息间隙苦练唱歌一样，孙朝阳反复苦练他的"铁下巴"，铁锹、小推车，都是道具。小小年纪的孙朝阳练就惊人"绝活"，可以根据下巴所顶的物品，分为"重顶技"和"轻顶技"。他能用下巴顶起一把梯子，上面还挂着3辆自行车，总重约90公斤；也能用鼻尖顶起纸条再加上手机；还能顶起薄薄的塑料袋……

天高任鸟飞，海阔任鱼跃。19岁时，孙朝阳用打工赚来的3万元钱购买了汽车，与父母、妹妹一起，成立了一个由10人组成的"大篷车艺术团"，到天津、山西、河北等地巡回演出。但最终阴差阳错，亏损数万，"艺术团"被迫解散，孙朝阳继续外出打工。

小鸟刚起飞就被风吹断羽毛，鱼儿刚跳跃就摔掉了鳞。但是刚强的孙朝阳没有自暴自弃，而是继续努力。

天助自助者。2004年10月，德州电视台听说了孙朝阳是一位奇人，邀请他参加《欢乐第七天》节目。但此时他已经落魄到连路费都拿不出了，靠着哥嫂给的10元钱，孙朝阳来到德州电视台。这次表演成了孙朝阳生命的转折点，他的"顶技"绝活儿一举夺得了当期节目的"月冠军"。他豪迈地说道："别人说给他一个杠杆，他能翘起地球，我敢说，我用我的下巴能够顶起整个地球。"

此后，孙朝阳受到全国各大电视台的关注，先后参加了20多家电视台的演出活动。2007年7月1日建党节，山西电视台邀请他参加《才艺大比拼》节目，他用下巴顶起两辆自行车，一举战胜了其他高手，荣获"冠军"奖杯，被称为"顶顶先生"；2007年11月，在湖南卫视《挑战英雄》节目中，主持人汪涵、大兵称赞他为"山东大汉铁下巴"。由此，"铁下巴"这个名字传播开来。2007 年 12 月 5 日、25 日，山东卫视《阳光快车道》、《奇人绝技榜中榜》和四川卫视《新闻连连看》节目记者、主持人纷纷前来采访。而中央电视台《正大综艺》、《乡村大世界》等栏目也向他发出了邀请函……这让孙朝阳信心大增，他又经过几年苦练，终于"小宇宙大爆发"！

他那美丽动人的媳妇都是他顶来的。一次演出的时候，她坐在下面，铁下巴一看到她，就眼前一亮！而这个女孩也深深地佩服这个强悍的小伙子，后来下台留下了联系方式，恋爱一段时间后就结婚成家。2011 年春，他参加山东电视台《我是大明星》节目总决赛时，就曾成功顶起 68 个玻璃杯子，刷新了顶 62 个玻璃杯子的世界吉尼斯纪录。他和大名鼎鼎的大衣哥朱之文一起角逐山东电视台《我是大明星》，荣获季军。

近年来，他参加的演出、比赛不计其数。他家里，荣誉证书、奖杯摆了满满的一间屋子。中央电视台《想挑战吗》、湖南卫视《谁是英雄》、山东卫视《阳光快车道》、山西电视台《才艺大比拼》、四川卫视《新闻连连看》等多家电视台的品牌栏目都留下了他的身影。最值得一提的是"铁下巴"孙朝阳日前参加中央电视台《吉尼斯中国之夜》节目时，用下巴同时顶起 3 辆自行车，足有 50 余公斤，并坚持 10 秒钟，创下了世界吉尼斯纪录。去年，他还参加了《吉利全球鹰我就是天才》节目，76 个玻璃杯摆在一起，高达两米多，孙朝阳用下巴轻而易举地顶起并坚持了 10 秒钟，成功创下了最新吉尼斯世界纪录，"顶技天才"实至名归。

孙朝阳用他的铁下巴顶出两项世界吉尼斯纪录，顶出了一家人富足的生活。他现在职业是"绝活演员"（民间绝技表演艺术家），他很荣幸地签约中华"濒危奇技表演艺术团"。

申莉老师总结说："孙朝阳成功事例很有说服力，广大同学们完全不必妄自菲薄，即使无法进一步升学深造，即使你不擅长歌唱，也完全可以在类似铁下巴所展现的文体领域里，锻造出属于自己的绝技，人生照样无比灿烂辉煌。"

青春锻造好才艺

夕阳西下，车到宁津站，分手好伤感。

小机灵吴建华护送好友纪德妹回家，同行老师带领各自的学生回宾馆休息。申莉和大海等同学到宋家镇崇兴街村采访一个传奇人物——被网友称为"德州阿宝"、"鸡蛋大爷"的农民歌手李相银。

师生一行打车赶到该村，已是掌灯时分。暮色苍茫，宽阔的乡间道路，西边是一条杨柳环绕的水沟。李相银长子李荣兵出门等候，迎接进家。

大家了解到李相银老师从小喜欢唱歌，在学校里是文艺骨干，后来在一个戏剧班子担任副团长。老人长年累月地苦练，技艺精进。2010年，李相银参加东方卫视举办的《中国达人秀》，受到周立波与伊能静的好评，并最终获小组赛冠军。之后，李相银相继参加了央视《我们有一套》、《星光大道》、《我要上春晚》，东方卫视《谁是大人物》等综艺栏目，受到观众的喜爱；参加山东卫视综艺频道2011年度《我是大明星》总决赛，夺得第六的殊荣。

采访完毕，热情好客的李荣兵夫妇邀请师生一行在家吃饭，休息。

李老师的院子宽敞，洒满一地月光。

申老师和几个爱徒望着明月，畅谈心得。

大海说："李相银老师的成功表明，一个人要想成才，一定要早早开始学习打拼，特别是要利用好人生黄金时段——青春期。"

学习委员姚云说道："著名学者、国际级别大数学家华罗庚的传奇也证明这点。他 12 岁进入金坛市立初级中学学习，初一之后，便深深爱上了数学。一天，老师出了道'物不知其数'的算题。老师说，这是《孙子算经》中一道有名的算题：'今有物不知其数，三三数之剩二，五五数之剩三，七七数之剩二，问物几何？''23！'老师的话音刚落，华罗庚的答案就脱口而出。当时的华罗庚并未学过《孙子算经》，他是用如下妙法思考的：'三三数之剩二，七七数之剩二，余数都是二，此数可能是 $3 \times 7 + 2 = 23$，用 5 除之恰余 3，所以 23 就是所求之数。'这个奇迹出现原因就是华罗庚平时刻苦用功，智力得到有效开发。"

文艺委员仲伟强说："2000 年以后亚洲流行音乐市场最具创新性、指标性的歌手——我们的偶像周杰伦也是如此。他是 1979 年出生的，音乐天赋惊人，1982 年就开始学习弹钢琴，叶惠美为其购置好钢琴，开始了对他的严厉管教。1994 年，15 岁的周杰伦开始尝试作词、作曲，在其所读的金华国中闻名。高中就读于淡江中学音乐科，主修钢琴，副修大提琴。父母离异、联考的失败、病痛的折磨，使周杰伦陷入了人生的低谷，但是他仍然没有忘记音乐，反而成为了他对音乐执著的动力之一。对乐理、乐器的精通，东西方现代古典音乐的深厚功底，为他将来超强的现场即兴创作能力打下了坚实的基础。"

新任体育委员的柔道格斗冠军、胖脸蛋陈立浩说："我的偶像姚明也是如此。9岁那年，姚明在上海徐汇区少年体校开始接受业余训练。由于从小受到的家庭熏陶，他对篮球的悟性，逐渐显露出来。而且从小训练刻苦，非常努力。5年后，进入上海青年队；17岁入选国家青年队；18岁就早早地穿上了中国国家篮球队队服，遥遥领先于同龄人。"

电脑博士孙静说道："今年二十多岁的山东卫视综艺频道2011年度《我是大明星》亚军、《我要上春晚》人气之王、空竹达人周天更是如此。出身杂技世家，自幼练习杂技。十几年勤学不辍，练就了一身扎实的基本功。初中毕业后，周天随杂技团体到各地演出，鞭子、平衡、空翻、蹬坛子等都是他的拿手好戏。宽广的社会舞台，给予他充分的杂技营养，再加上他不断钻研，融众所长，很快形成了自己的表演风格，在舞台上霸气十足，赋予了空竹更多的慷慨激昂。高空抛接、360度转接——速度之快，令人眼花缭乱！最登峰造极的是能同时抖起3只空竹！他精湛的表演在网上好评如潮，以高票夺得《我要上春晚》人气王。还有顶坛子、霸王鞭等绝技，使得周天的人生之路日益宽敞明亮。"

歌唱家姚军充满激情地说道："最能说明问题的是2010年《星光大道》年度总冠军、农业部CCTV－7《春耕大使》、2013年央视春晚表演嘉宾刘大成。他2010年参加《星光大道》，凭借深厚的歌唱功底以及口技、自制乐器演奏、男女二重唱腔等无不令人称叹的绝技，一路过关斩将，最后众望所归，摘得2010年《星光大道》年度总冠军桂冠。刘大成1978年出生于山东省济宁市市中区安居镇南刘村的一个普通的农民家庭。他自幼喜欢唱歌唱戏，因为家庭条件不富裕，没能进入到专业的院校学习，但他并没有因此而放弃自己的音乐梦想，自学乐理、声乐知识，乐器买不起，就自己动手做，树叶、针管、瓶子、吸管、梳子等，经他巧妙利用后都变成了独一无二的刘氏乐器，都能吹出优美的歌声，鸡、鸭、牛、鸟等动物的叫声他学得惟妙惟肖，仿佛身临其境。

就这样，刘大成从'天天听'到'天天唱'，并走上中央电视台《星光大道》的舞台，一步一步地赢得周冠军、月冠军、年度总冠军，成为中国实力派歌手，最具影响力的草根艺人、电影演员之一。如果没有青年时期的勤学苦练，一个农家小伙子怎么可能取得如此惊人的成就？"

一直对歌唱情有独钟的大海羡慕地插话道："刘大成在《星光大道》上的表演我都看过。他在周赛表演口技《农家的早晨》。普通的一片树叶就能演奏出动听的音乐。模拟鸟雀们的叫声，就可以编制出一部短小精悍的情景喜剧，仿佛展现出美丽的大自然，高山流水、鸟语花香、莺歌燕舞的美好景色。月赛第一关，他带给大家的是一首《春来了》，是在歌曲演唱的基础上，加入口技，渲染了春回大地、生机盎然的气氛。又用口技表演了家畜鸭、鹅、羊、马的叫声，把大家带入了农家小院的环境中。高亢嘹亮、优美舒展的歌声再一次把观众带入到一派春意盎然的氛围中。在毕福剑的要求下，大成表演了一段口技二胡，台下掌声热烈。他再接再厉，拿出了建筑工地上用的热水管子，在热水管上钻上了孔，做成了一个乐器笛子，接着吹奏动听的音乐。随后，他又拿出了喝饮料的吸管，上面全是自己挖的小眼，用这样简单的自制乐器，他竟然能吹出令现场观众和评委啧啧称奇的幽弦颤音；然后他拿起梳子，不可思议地吹出了大家耳熟能详的《西游记》插曲，现场观众掌声如雷。"

"沈佳仪"姚云说："你五音不全还研究这些？你可不可以不这样幼稚？"

歌唱家姚军用手刮着脸，嘲笑道："羞羞羞！"

海名威委屈地辩解道："俺爱好管得着吗？"

立志在声乐方面有所造就的古典美女仲伟霞说道："真是这么个道理。我们年轻人的明星偶像李宇春中学时代就是学校的风云人物，拿过'校园歌唱比赛'第一名，18岁时举行了人生第一场个人演唱会，以专业分数第二的好成绩顺利考取四川音乐学院。春春大红大紫不是偶然的，而是早就具备相当的实力。"

申莉老师总结说道："今天是个好日子，大家明白了用美好青春打造惊人才艺的重要性。大家回校后，一定要把这个道理讲述给其他同学们听，共同进步。"

"放心吧，莉莉姐！"同学们不约而同地答应。

申莉的脸上露出欣慰的笑容。

彩虹第七道　人脉＝参天树

"哎，今天是个好日子，心想的事儿都能成。今天是个好日子，打开了家门咱迎春风！"

村委大喇叭放着《好日子》这首歌，海岱仲村充满了喜庆气氛。但是仲伟强却闷闷不乐，唉声叹气。

申莉到该村去探望退休老教师仲跻清老前辈，正好碰见小强，关心地问道："你这个能歌善舞的女孩子为什么这样不开心？"

小强郁闷地说："我的运气实在太差，没有好机会帮我成功。"

申老师笑了笑，说："好运一是要等，二是要争。但运气并非是虚无缥缈的东西，而是要靠坚实的人脉支撑。等周末咱组织个活动，你就会醒悟的。"

同学们盼望一周的星期六终于到了。这次申老师带着喜欢的"八大金刚"到了风景宜人的王屋水库，边钓鱼，边聊天。

胖脸蛋钓了一会儿没有钓到鱼，急躁地不时换地方，半天没收获。

旁边一位老汉不时地钓上一条鱼，身旁的小桶里装满了各样的鱼。

吴建华跑过去，兴奋地问："喂，你怎么这样厉害，钓上这么多鱼？"

老汉说："我运气好，这里鱼儿多。"

而胖"沈佳仪"姚云不急不躁地走到老汉身边，用扇子给老汉扇了一会儿风，轻声细语地问道："阿伯，您说我为什么总钓不上鱼呢？"

阿伯夸赞道："你真是个好姑娘，来，我帮你。"

阿伯走过来，把姚云的鱼饵角度调整一下，然后自信地说："你再试试看，再钓不上鱼，我那小桶里的鱼都归你了。"

姚云道谢，坐下重新开始垂钓。一会儿就钓上一条大鲤鱼，然后好运来了，一条接一条，周围同学垂涎三尺，纷纷过来观赏。

申莉点评道："姚云同学及时对症下药，完善自身，利用谦虚礼貌赢得现有的人脉资源帮助自己，所以能够办成事。"

胖脸蛋不解地问道："啥叫人脉？"

姚云抢先解答："人脉，就是经由人际关系而形成的人际脉络，在政治或商业的领域运用比较多，但人脉适用范围非常广泛，不论做什么行业，人脉非常重要，成功人士离不开良好的人脉帮助。我说的有无道理，莉莉姐？"

莉莉姐微笑回答："云云说得很有道理，她本人善于运用目前所能找到的人脉。而浩浩同学过于急躁，自身资源贫瘠，又不善于利用身边的人脉资源——阿伯就在你旁边，但是你视若无睹，坐失良机，最终必然一事无成。寻找宝贵的机遇离不开人脉资源，寻找人脉资源离不开良好的品德，而吴建华同学很没礼貌地和老伯说话，人家自然不和你说实话。归纳起来就是——品德衍生人脉，人脉创造机遇，机遇带来好运，大家一定要铭刻在心，不可等闲视之。"

胖脸蛋陈立浩嘲笑小吴道："吴同学很有礼貌呀，他总算没喊人家老头或老家伙。"

大家笑起来，小吴很惭愧，但讨厌小胖批评，悄声回敬："肥猪脸掉进水里咕噜噜！"小胖冲他挥了挥蒜钵般的拳头。

申莉继续讲道："人脉与人际关系有着千丝万缕的联系，后者是花，前者是果；后者是目标，前者是目的。'一人成木，二人成林，三人成森林'，这就形象地证明你想做大事业，不能单枪匹马，而是需要庞大的人脉支持系统。"

大海充分发挥"语文博士"的特长，生动地比喻道："一棵小树苗要想长成参天大树，成为栋梁之材，必须要有粗壮厚实的根脉吸收大地的养分，必须要有充足丰富的枝脉和纤细纵横的叶脉吸收大自然的空气、阳光和雨露，才能合成细胞，分裂成长。我们追求事业成功和幸福快乐的奋斗过程中，同样也存在一个类似血脉的系统，可以概括为人脉。是这样吗，莉莉姐？"

小强笑话道："大海好大方，羞羞羞！不叫老师叫姐姐？那是我们女生的专利。"

大海率领男生们齐声高喊："反对性别歧视！不准垄断莉莉姐！这条流淌的小清河是海岱仲、孟家楼、河口于三村共有的，我们心爱的申莉老师也是男女生共同的姐姐！"

莉莉姐笑容满面地回答："小弟弟们说得对，小妹妹们也别吃醋，我是你们共同的大姐。大海真厉害，形象地归纳出人脉的含义。我们要想事业成功，必须有健康丰富的人际关系，这是面，经营人脉资源是点，最终取得成功事业就是果了。同样道理，文艺成功与否，必须把握各种有利的人脉资源。比如当年雪村的走红，平民性、颠覆性、独特性，歌坛—网络—闪客—大众，导致雪村的红火。雪村第一次把自己的歌曲拿给唱片公司的老板听，老板说，你这是什么玩意？把雪村拒之门外。但雪村没气馁，而是继续通过网络传播他这些平民文化艺术，终于引起中央电视台导演的注意。姚云你接着说，肯定解说得比我精彩。"

适时地让学生当老师是特级教师申莉的发明，效果极佳。

姚云："简练地说，雪村运用音乐评书的新鲜技艺，赢得广泛的网络人气资源，然后荣获央视人脉资源，一举成功。那年春晚，戴着鸭舌帽的雪村，一曲《出门在外》，红遍神州。其实他歌唱功底未必深厚，但是有力地激活了人脉资源，又赶上好时候，想不红也难。"

小强说："雪村的人脉资源真厉害，我哪有可比性？"

申老师开导说："长相、身材、歌喉，这些先天的资源是你的好运气资源，你要运用这些资源去激活人脉资源。比如中国最具社会影响力和传奇性的著名女歌手，华语流行音乐天后，中国首位民选超级偶像，电影、话剧演员，演唱会、MV导演，青年公益领袖，时尚先锋，有'舞台皇后'美誉，被美国《时代周刊》评为'亚洲英雄'、2005超级女声比赛总冠军李宇春的走红就说明了这一点。2005年5月18日，成都熊猫商城人满为患，自这天开始，累计有4万人在此报名参加第二届《超级女声》成都唱区的选拔。四川音乐学院大三学生李宇春站在人群之中，上一年她因为参加另外一个比赛，错过了"超女"的报名，这一天她在同学的支持下，过来看看。据春春回忆当时人太多了，场面也很混乱，她一看就没耐心了，当时就想走。假如走了，其人生之路就失去了辉煌。她的小师妹何洁也挤在人群中排队，她看到春春，叫她别走。她们学校的人挺多的，有排在前面的，后来春春就插队报上了名。3个月之后她成为总冠军，她的人生也从此发生了彻底的改变！如果不碰上朋友开导帮忙，哪里还有今天的春春？这不是人脉资源帮忙吗？"

"沈佳仪"姚云说道："《超级女生》这个选秀周期长达半年，如果李宇春在海选的时候被PK掉了，也就没有如此牛的李宇春了。她在海选当中就取得了比别人更好的结果，所以她留下来了，然后在20进10、10进7、7进5、5进3以及在最后3强的决赛当中，在每一个时间节点上、每一场关键的PK当中，她都得到强力的支持，明显优胜于别的"超女"。春春不仅有实力资源，而且人脉也出奇地好。在一次次的筛选中，决定春春胜出的不是评委、不是电视台、不是权威人士，而是千千万万的观众——这才是她取其制胜的强大人脉资源。就算她唱歌不好听也没关系，有再多的反对者不喜欢她也无所谓，因为她已经获得了比别人更多的目标客户群体资源的喜欢和支持。这些自称为'玉米'的粉丝们心甘情愿地不断发送短信为她投票，甚至买多个手机卡支持她，多么大方慷慨！这其中还有很多老大妈。最终使得她在每一个关键时间、节点上，都取得了比别的"超女"更好的结果,一路过关斩将,出人头地。"

语文博士海名威归纳道:"唱歌并不比别的女孩子优秀多少,春春为什么就火成这样?这和她的外表有关系,她让人看着爽朗阳光,就如同台湾的小马哥一样,让你不由自主地就要把票投给她。她的个性也讨人喜欢,就那样让人感觉舒心。春春从头到脚,从内在到仪表,看起来就是那样地讨人喜欢,谁也不舍得让这样可爱的帅女淘汰。假如她没有苗条的高个子,没有秀气的五官,没有那男孩式的短发,或许早被刷下去了。所有这一切有利条件,帮助春春获得了强悍的人脉资源,转化为所向披靡的驱动力。"

歌唱家姚军说道:"'超女'选拔也是另类的《星光大道》。'超女'周笔畅虽然名头稍逊色于春春,近来也好事不断。身价创内地艺人新高,成为江苏与湖南两大卫视收视争夺战的关键影响因素,被媒体誉为'收视女王';新专辑《时间》的销量荣膺年度销量冠军;由她演唱主题曲的贺岁电影《喜羊羊与灰太狼之虎虎生威》上映,笔笔现在也牛大了。归根结底还是她的人脉资源厉害,能够越发成功。"

小机灵吴建华兴奋地说道:"漂亮的美眉=美丽的模特=会移动的印钞机。假如哪位帅哥、美眉长的俊美,请你一定不要埋没了自己,大胆地到城市里,开创事业。女人是资源,美女是稀缺的资源,模特、歌星、电视明星、节目主持人是资源中的资源。拥有这些先天资源,努力获取深厚的人脉资源,再加上奋斗,大红大紫是必然的。哪位如果有这样的资源,一要如此开掘,这是成功的最快捷途径。纪德妹你去吧，我给你当超级粉丝。"

姚军纠正道："不仅是外表会带来好人脉，为人谦虚和善、好学上进更会带来好人脉。2010 年《星光大道》年度总决赛的第六名吉米就是这样。他参加《星光大道》比赛，著名歌唱家蒋大为担任评委，这个乌克兰小伙子给他留下了深刻印象。吉米向剧组要来蒋大为的电话，联系上后，虚心学习，进展很快。否则，吉米很难取得这样的好成绩。"

申老师总结道："成功离不开机遇，机遇也可以用好运来形容，好运不会从天而降，而是需要好人脉帮助。血脉是人的生理生命支持系统，人脉则是人的社会生命支持系统。一个好汉尚需三个帮，一个篱笆还要三个桩，要想做成大事，必须要有做成强大的人脉网络和人脉支持系统。你们只要努力完善自己，尽力打拼，多用心，奋斗过程中自然会迎来宽厚的人脉系统，带来各种好运气。"

小强豁然开朗。

🌿 高飞的鸟儿有食吃 🌿

申老师刚帮助完仲伟强解决好正确认识人脉带来好运的问题，仲美霞又需要帮助了。

申老师到海名威家借书时候，看见美霞畏难发愁，不知该怎样充分地将自己的歌唱才艺做大。她感到长年累月地待在这样的小地方，怎样能够得到腾飞机会？

申老师马上集合"战斗小组"的其他成员，于第二天和美霞一起，会合在海岱仲家的"小西湖"——南沟沿。

申老师说："今天咱们的议题是草根同学怎样做大自

己，先由孙静开始讲解，她知识丰富，肯定有见地。"

电脑博士孙静说道："古代山西有哥哥走西口之说。从明朝末年开始，为克服人多地少的困难，摆脱贫穷，一批批的山西人离开家乡，到外地闯荡，这就是有名的'走西口'。他们做得很对，既然当地资源贫瘠，那就要充分发挥人力资源，到资源丰富的地方去获取新资源。'走西口'对今天希望改变命运的同学们启发很大。咱们自身缺乏必需的资源，难以做大事业，那就要把眼光投向外面的世界，外面的世界很精彩，海阔任鱼跃，天高任鸟飞。"

大海归纳说："外面的世界人脉广泛，只有走进外面世界，才能接触和结交更多的人际关系，像一节节火箭助力一样，帮助咱们腾飞。"

申老师提议大家沿着南沟沿往南走，南面是一片葡萄园，周围是参天大树，各种鸟儿在树丛间飞来飞去，叽叽喳喳，不停地歌唱。

申莉说："同学们就像那些鸟儿一样，怎样才能叼到食？先由大海讲课，由小吴评点。"

同学们鼓掌："一唱一和，一定精彩。"

语文博士海名威开始了长篇演讲——

"崔苗，女，1988 年出生，陕西省清涧县老君庙镇人。陕北是黄土高原，没有关中的'八百里平川'，陕北是山区，在山沟沟里种地，气候寒冷。祖祖辈辈都是在有限的土地上，种植产量最高的农作物维持生活。改革开放的大潮涌来，陕北人积极下海，确实富裕了不少。但是崔苗家比较贫寒，她上完小学就辍学了。

她从小爱唱歌爱跳舞（小机灵评论：拥有文艺天资），父母把她送进榆林地区的清涧县红旗艺术学校深造四年

（小机灵评论：这是事业起飞的基础，她有个高瞻远瞩的爹妈）。

16 岁独闯西安（小机灵评论：尽量要到大城市才可能获取人脉资源），找到一份白酒推销员的工作，只要客人买酒，她就亮嗓子给客人唱段陕北民歌。她这个驻店歌手的收入不算高，工资加提成，月收入最高时也就 2000 元。

2005 年 10 月的一天晚上，崔苗看电视，注意到央视三套《星光大道》节目，豁然开朗，立志：我也要上《星光大道》做明星（小机灵评论：拥有强烈的改变命运的愿望是腾飞的前提，不想做明星的歌手不是好歌手）。

此后，崔苗全力以赴地做准备，苦练技艺。为了积累上台经验，她积极参加陕西省组织的各类比赛。2006 年春节后，崔苗获得陕北民歌大赛优秀奖，这时的苗苗演唱水平和舞台经验比较丰富，完全可以到星光大道一展风采了。2006 年 3 月，胸有成竹的崔苗给《星光大道》剧组写了一封长长的自荐信（小机灵评论：集聚资源，尽力争取草根文艺表演最高层的《星光大道》人脉资源）。

《星光大道》剧组每天收到这样的信件实在浩瀚如海，不可能见信就录用。一个月后没动静，崔苗又连寄两封，两个月后还是杳无音信。苗苗在母亲的鼓励下，以每周一到三封的频率，不间断地寄信给剧组（小机灵评论：锲而不舍，金石可镂）。

她还请教高人，买了演出服，想法到电视台录制了演唱光盘，随信一起寄去。终于在寄了 200 多封信后，《星光大道》剧组工作人员打来电话，通知她去北京参加海选（小机灵评论：演唱光盘起了决定作用，想获取人脉资源，首先要展示出足够的自身资源）。

崔苗第一次去《星光大道》，出师不利。因心情紧张、旅途劳顿，发挥失常，海选落败，当众大哭！工作人员鼓励她下次再来报名。

崔苗回去后，向当初培育了她的县文工团求助，在老师的帮助下，狠下苦功，技艺得到大幅度提升（小机灵评论：在失败中奋起是成功者的共性，崔苗聪明地再次启用自己起步时候的人脉资源——县文工团）。

2009年7月，崔苗顺利通过海选，接到通知——参加当年9月举行的周冠军比赛（小机灵评论：实现梦想的硬道理就是实力）。

苗苗的指导老师根据《星光大道》的比赛规则，结合她的演唱风格，精心准备了一批极具陕北地域文化特色的助演节目。这样，加上助演、指导老师、家人，一共57人，费用庞大，崔苗家里根本负担不起（小机灵评论：第一道龙门关摆在崔苗面前，携带庞大人脉压力，她承担不起）。

崔苗的指导老师张胜宝向当地政府求助，在这关键时刻，县政府伸出温暖双手，赞助5万元。这是个国家级贫困县，但县领导有眼光，群众有爱心，纷纷慷慨解囊。短短3天筹集了23万多元，费用解决了（小机灵评论：和季军刘向圆一样，崔苗的运气非常好，成功离不开机遇，或曰运气，但是好机遇、好运气需要好人脉带来）。

2009年9月5日晚，崔苗一炮打响，夺得第31期周冠军（小机灵评论：梅花香自苦寒来，黄土高原的女娃从此走上腾飞之路）。

接下来是争夺月冠军，但是这二十多万元已经所剩无几。一分钱难倒英雄汉，何况是几十万元。清涧县政府再次伸出温暖的手，从财政下拨 5 万元，又号召全县企业和个人捐款。因崔苗成功夺得周冠军，所以这次募捐很顺利，很快募集到了 29 万元（小机灵评论：幸运女神再次眷顾苗苗，否则她的星途戛然而止！是优厚的人脉资源给这个艰难跋涉的女娃带来吉祥幸运）。

2009 年 9 月 21 日，崔苗超常发挥，一举夺得月冠军（小机灵评论：陕北女娃的命运已经发生了质的转变）。

这时，帮她演出的母亲去世了，崔苗没有在这巨大的打击下崩溃，而是更坚定了她继续比赛的决心。但继续比赛离不开钱，总人口只有 21 万的贫困县，常住人口只有三四万。前两次募捐已经调动了全县的资源力量，第三次县政府除了继续下拨 5 万元支持外，已经很难再号召捐款了（小机灵评论：崔苗的经济资源实在太贫乏了，假如她生在富人家就不存在这个难题）。

崔苗父亲和众多亲朋好友坚决支持她，四处借钱，3 天后借来 19 万余元，加上县财政下拨的 5 万元，一共 24 万多元，保证了崔苗第三次进军《星光大道》（小机灵评论：贫困地区的人亲情观念浓厚，容易靠人脉资源积聚财力资源）。

这次崔苗奋勇杀进《星光大道》2009 年度总决赛前十强，风光无限。下一步是十进八，八进六，然后总决赛。

崔苗需要第四次进军，向总冠军挺进。但是钱从何来？县财政精疲力竭，连 5 万元也赞助不出来了。众亲朋又一次为她借来 20 万余元，感人至深（小机灵点评：她的人际关系真好，多次雪中送炭）。

强中自有强中手，崔苗在十进八比赛中落败（小机灵评论：崔苗这次失利在情理之中，这种比赛比拼自身资源，特别是唱歌技艺，她的节目略显单调，唱功表现不突出，正如嘉宾巩汉林所言——如果表演小品，我一定给你最高分）。

这样，2009年7月初到12月29号，从周赛、月赛、年分赛到进入年度全国十强，并最终止步前八。"

小机灵吴建华接着讲解："这6个月，崔苗共四次进京参赛。加上参加周赛前在榆林待的两个月准备期，一共8个月时间里，崔苗一共花费了113万多元，第一次去北京参加周赛就花了近20万元。崔苗透露，这么多钱主要用在辅助节目上，包括演员和道具，而不是给剧组送礼。

减除赞助部分，崔苗个人负债40多万元，媒体大量质疑，网民一片指责，背负巨债，高攀《星光大道》'造星'值不值？我认为，崔苗个人花费虽然有点多，但总计算是值得的，一个人的艺术要得到社会的承认，需要一个展示自己的平台和载体，必需的资金花费在所难免。如果有所顾忌，患得患失，不豁出去是很难出人头地的。崔苗能取得前十强的好成绩，离不开众多的老乡助演。有人根据《职业粉丝明码标价》的报道来说事：北京这边职业粉丝的出场价格——举牌子80元，喉咙嘶哑200元，泪流满面300元，哭到昏厥500元，凑热闹50元，一个舞蹈艺术学院生300元伴次舞足够，何况《星光大道》给选手安排助演、伴舞是免费的。

但是那些装腔作势的职业粉丝能演出原汁原味的陕北风格吗？崔苗专门从清涧带了自己的演职人员和准备的道具，全部来自民间的表演更具有感染力、亲和力，使她这个来自黄土高原的女娃表现更出色，更具有浓厚的乡土气息，取得成绩更大，区区40万实在太划算了。

多次担当《超级女声》、《先声夺金》等选秀评委的常宽认为，崔苗花这么多钱上《星光大道》还是值得的，她努力了而且还获得了不错的成绩，这也是她的能力，她的事业其实刚起步，我相信她能把欠的钱还完。"

姚云讲解道："跟崔苗同是陕北榆林市的韩军、王二妮曾分别在 2004 年和 2007 年上过《星光大道》。韩军进入周赛，王二妮是年度半决赛季军。他们走下《星光大道》后，大部分时间在北京演出和学习，演出收入更是翻倍。以前崔苗只是个文艺爱好者，一个免费唱歌给买酒顾客的白酒推销员，资源贫乏。如今是《星光大道》2009 年度总决赛前十强选手，牌子响亮，社会承认，人们尊敬，拥有的资源发生了质的飞跃，必然给她带来更多的资源。40 万元欠款对普通人来说是沉重的巨石，因为普通人缺乏资源。对于《星光大道》的前十强，不是很困难。那些大惊小怪者完全是井底的青蛙不见天！艰辛的努力获得甘甜的回报，崔苗的自身资源发生质的跨越，演出劳务费随之出现量的巨变，债务很快就还清。一朝成名天下知，很多权威人士帮崔苗联系西安音乐学院的专业老师，对她进行系统、全面的音乐培养和训练。新结识的人际关系又帮助她认识新的人际关系，而且层面不断提升。越过龙门的小鲤鱼变成龙，越飞越高。"

胖脸蛋陈立浩感叹："人脉资源日益提升，这就是《星光大道》的诱人魅力所在，是广大贫穷的弱势群体改变命运的捷径。"

申老师总结道："崔苗如果天天待在黄土高原，她的一生都只能是个普通的农村女娃，人际关系单薄，根本无法获取财富资源，也无社会地位。她发挥自身优势，走出山沟，和远在北京的中央电视台挂上钩，人脉膨胀。一番拼杀，名扬天下，资源暴增，想不发达也难。崔苗与《平凡的世界》中孙少平相似：都是从贫寒之家成长起来的，都有着令人感动的奋斗史，从而改变了命运。草根族应以此为榜样，大胆地秀出自己，成功永远是硬道理。有梦最美，希望相随。陕北山区的崔苗姑娘有了野心，有了梦想，敢闯敢拼，不断提升的自身资源＋艰苦打拼＋庞大的人脉资源，前程必然锦绣。"

大海概括："只有高飞的麻雀才能看到更高的目标，吃到更精美的食物。草根打拼进入上层，结交更广泛的人脉，从而得到更高层次的帮助，自己得以进一步的飞跃。中国本土第一个获得全世界文学最高奖项诺贝尔文学奖的莫言就是如此，他的作品写得好只是其中一个方面，在中国，能达到莫言文学水准的作家也有一些，为什么唯独莫言先成功了？"

姚云说："莫言运气好？"

大海说道："好运从哪里来？是高人或者说贵人提携造成的。成功总是被贵人重视开始，从而使你脱颖而出，遥遥领先于竞争对手，获得更多的关注、资源和机会，进入新的更高层的发展阶段，获得更加广阔的发展空间。诺贝尔文学奖评委会主席、莫言授奖词宣读人佩尔·韦斯特伯格2012年12月9日在其位于斯德哥尔摩的公寓中接受了《重庆日报》独家专访，讲述了诺贝尔文学奖评选背后鲜为人知的细节。韦斯特伯格说：'我不能透露是谁推荐了莫言，但的确有些作家很喜欢他，比如日本作家大江健三郎，他曾连续5年推荐莫言。'2012年正月初一，大江在莫言家乡领导和朋友为他准备的宴会上郑重地说，五年后我们在这里重新设宴，庆祝莫言先生荣获诺贝尔文学奖。大江有瓶珍藏的茅台，说是等莫言获奖了一起畅饮庆祝。2012年2月，大江全程陪同日本NHK电视台到莫言老家采访。多年来，大江先生对莫言非常欣赏，鼎力支持。"

小机灵吴建华问："大江健三郎为什么那么喜欢莫言？"

大海说道："因为莫言的作品和人品得到大江先生的青睐，这就是老师给咱们传授的高飞的鸟儿有食吃的道理，如果莫言只是个平庸的作家，根本得不到大江这样的诺贝尔文学奖得主的赞赏。除了大江连续推荐外，斯德哥尔摩大学东方语言学院中文系汉学教授和系主任、瑞典文学院院士、欧洲汉学协会会长、诺贝尔文学奖18位终身评委之一、诺贝尔奖评委中唯一深谙中国文化、精通汉语的著名汉学家马悦然教授对莫言的赏识也是其成功的因素之一。"

申莉老师说："美霞你就尽管奋斗吧，飞得越高眼界越高，收益越大。"

美霞本来愁苦的脸上飘起红云，越发美丽。

喜鹊最爱落高枝

申莉爱学生，学生爱老师，把她当成知心姐姐。

姚军、小强和美霞缠着申莉说："莉姐，上次你组织讲授了成才过程中靠人脉赢得好运的重要性以及如何走出穷山沟迎接好机遇的经验做法。我们想进一步地了解具体怎样才能获取人际关系支持，打拼成功真经秘籍。"

申莉开心地笑着："同学们积极上进，可喜可贺。真经秘籍虽然没有，但是我们可以学习借鉴成功人士的好经验好做法。这样吧，周末我们再搞个活动，到最南边的山上授课。"

但是怎么去？男生建议长途跋涉一百多里，女生皱眉说承受不了。后来小机灵出了个两边都兼顾的方案：坐车到下丁家，然后步行上山。

男生和女生都接受。

大园和大庄两村坐落在龙口市南端，风景秀丽，空气吸一口都是新鲜的。

师生们兴致勃勃地爬山，欢声笑语不断。

山上灌木丛生，树木茂盛，各种美丽的小鸟飞翔。

"看！喜鹊！"

女生惊呼起来！

喜鹊迅快地飞到高大的树木树冠的顶端，那里有个枝条纵横，貌似很粗糙的鸟巢，巢顶很厚，很高，枝条排列致密，极其醒目。

海名威吟诵道：

"牧童弄笛炊烟起，

采女谣歌喜鹊鸣。

繁星如珠洒玉盘，

喜鹊梭织喜相连。"

申莉伸出大拇指夸赞："文采横溢，我想让你用2009年《星光大道》年度总决赛季军刘向圆的成功事例，来详细讲解如何奋斗出彩以及怎样赢得贵人帮助的事迹。"

海名威慷慨领命，并邀请小机灵吴建华做简要分析点评。

海名威说道："中国版本的'苏珊大妈'比比皆是。刘向圆长得丰满富态，与苗条高挑的美眉形成鲜明的对比（小机灵分析：小刘首先失去了长相资源）。

刘向圆出生在河北承德市宽城县东川乡东川村一户普通山村家庭，父母是老实的农民。多年来，刘家主要靠几亩田地维持生计（小机灵分析：小刘没有家庭、关系资源，她个人也很艰难。就这点资源，在当今社会，只能处在社会的底层，找对象也十分困难）。

连绵的群山，阻隔了世事尘嚣的袭扰，给居民以安宁、静谧的小天地。刘向圆从小喜欢音乐，13岁那年，平时喜欢唱歌和乐器的刘向圆，向村里的民间艺人学习吹喇叭，拉二胡（小机灵分析：一无所有的小女孩具备歌唱的天分资源，而且对声乐艺术乐此不疲）。

2002年初中毕业后，刘向圆考入平泉师范音乐系，她在音乐的海洋上开始起航（小机灵分析：小刘这步棋走的非常正确，假如她考高中、考大学、找工作，那么人生道路也和别人一样平庸。她果断地选择了适合自己的道路，坚定不移地做大事业蛋糕）。

刘向圆在音乐之路上的起跑并不顺利，刚进学校不久，刘向圆便患上扁桃体炎（小机灵点评：自古英雄多磨难）。

2003年，在做完手术后，刘向圆说她遇到了生命中的'贵人'——声乐老师张淑娴（小机灵点评：每人都有一定的运气资源，由此带来人脉资源）。

向圆勤学苦练，老师精心指点，到毕业时，她已经找到了方法，唱功也比较专业了（小机灵点评：她的音乐资源积聚到一定程度，为将来奠定良好的基础）。

　　2007 年夏天刘向圆毕业，梦想当名小学音乐老师的她，并没有得到幸运女神的眷顾。随后，她又去考宽城县评剧团、歌舞团，均因为自己的形象而被拒之门外（小机灵点评：虽然她歌唱资源丰厚，但是这行需要的形象资源，圆圆却严重缺乏）。

　　万般无奈，刘向圆只好回到村里，在附近一家名为天宝集团下属的金利公司谋得一份仓库保管员的工作（小机灵点评：脚踏实地，先解决生存问题）。

　　堆着各种矿山设备零部件的仓库，每天只有一人值班。安静的工作环境，对于刘向圆来说，也算是不幸中的万幸，她可以有闲暇时间、场所练习歌唱，仓库里一个个铁疙瘩便成了她忠实的听众（小机灵点评：上天又赏赐她一个幸运资源，如果她在车间或科室工作，哪里有机会练歌）。

　　向圆发奋刻苦，每天都能听到从仓库里传出她的练歌声，夜半歌声'啊——'如同鬼哭，怪吓人的。刘向圆的一位同事回忆说，大家觉得她是个怪人（小机灵点评：勤能补拙是良训，天才总是鹤立鸡群）。

　　每天坚持不懈的练习，刘向圆的歌唱水平有了大幅度提高，很快，她便有了一份与音乐有关的工作——在离村很远的县城一家音乐辅导班担任兼职音乐老师（小机灵点评：有才华者就如同藏在囊中的锥子，总有机会露一把锋芒），歌唱资源积累到一定程度，她开始向新高峰冲刺。2008 年下半年，刘向圆的朋友曾两次替她在网上报名参加《星光大道》，均石沉大海（小机灵点评：好事多磨）。

　　2009 年 6 月，刘向圆又在网上报名参加《星光大道》（小机灵点评：百折不挠地获取更高的人脉资源）。

7月1日，她终于接到剧组让其准备节目的电话。7月9日，刘向圆带着4个节目来到北京。7月11日面试完后，得到答复：回去等消息（小机灵点评：曙光初现）。

7月23日，刘向圆报名参加了'青春中国校园艺术节大赛'，一曲《我爱你，中国》拿下了成人组金奖（小机灵点评：实力雄厚，即使没有《星光大道》，别的机遇也会让她火）。

之后又是等待，原本以为没有希望的刘向圆突然接到了《星光大道》剧组的通知，让她准备参加9月份的周赛。克服重重困难，刘向圆再次开始北京之旅（小机灵点评：该来的总会来）。

9月19日，刘向圆参加了《星光大道》第33期比赛，闪亮登场，其貌不扬、朴实无华的农村歌手倾倒全场。观众、评委好评如潮。但强中更有强中手，在最后一关'超越梦想'时，她还是被南京广播学院的囡囡组合PK掉。网上评论铺天盖地，大家都被这位可爱的胖妞美妙歌喉所感动，为她被淘汰打抱不平，十几个省市的网友联名支持她（小机灵评论：巨大的网络人气给了她巨大帮助）。

被誉为平民舞台的《星光大道》剧组在众多观众的呼声中，作出了一个节目开办5年来从未作出的决定——让刘向圆以挑战者的身份参加第9个月的月赛，消息一出，网友一片欢腾（小机灵点评：胖圆的人脉资源带来更好的运气资源，《星光大道》淘汰了那么多具备天资的高手，比如武馆组合、大块头组合，这两组合淘汰了很多优秀选手，也没见失败者得到舆论的力挺，天助自助者）。

刘向圆的邻居泼冷水：'没有苗条的身材，家里又困难，还是安分些好，我觉得她应该找个婆家，找份工作'

（小机灵点评：这不是个好主意，就冲那点资源，也不可能找到理想婆家，只能再次陷入贫困）。

在去还是不去的问题上，刘家人召开了一次家庭会议。经过反复研究讨论，父亲刘海泉作出决定，就算砸锅卖铁凑钱，也要去参赛（小机灵点评：真悬乎，胖圆的人生取决于这一刹那。假如她父亲意念没这样坚决，那么星光大道就与她错过，上苍又一次给了她好运气）。

这时刘向圆的父亲因年龄偏大被矿山辞退，倔强的父亲坚定地对刘向圆说'去吧！孩子'（小机灵点评：感人至深）。

刘向圆带着家人的嘱托和希望，独自一人再次来到北京，她也成为唯一一位没有亲友团的选手。她总是穿着那身夹克式工作服参加比赛，至多换了两次样式很土的长裙子，就这样寒酸地表演在最豪华的舞台（小机灵点评：自古雄才多磨难，从来纨绔少伟男）。

11月14日，刘向圆以挑战者身份参加了《星光大道》第9个月的月赛。比赛中刘向圆改变了周赛时只展现美声唱法的单一才艺，分别用通俗唱法和美声唱法演唱了《活出个样来给自己看》和《英雄赞歌》，评委和嘉宾们几乎一边倒，力挺刘向圆。在最后一关，她以一首《我爱你，中国》，实现惊天大逆转，成为唯一一位以跨月挑战的身份战胜所有对手的选手，获得了第9个月的月冠军。主持人毕福剑现场感叹：'这是星光大道开办5年来第一次看到这样的大逆转'（小机灵点评：逆转需要实力＋运气，胖圆都具备）。

在年度总决赛中，刘向圆过关斩将，艰苦拼搏。在《星光大道》年度总决赛分赛第一场比赛中，刘向圆输给了第二个月的月冠军——黑龙江帅哥关键，获得第 2 名。2010 年 1 月 8 日，《星光大道》十晋八的比赛开始了。第一关'闪亮登场'，刘向圆演唱的《永远跟你走》引得观众叫好声不断，顺利胜出；第二关刘向圆以女高音《帕米尔高原我的家乡》战胜了第 10 个月的月冠军覃维尼，顺利晋级八强。1 月 15 日，在《星光大道》八晋六的比赛中，刘向圆的《我爱你，中国》一曲定音，晋级《星光大道》年度总决赛前六强。1 月 22 日，大决赛竞争激烈，她再次用通俗唱法演唱了《活出个样来给自己看》，用美声唱法、民族唱法分别演唱了《美丽的西班牙女郎》、《我的祖国》、《我爱你，中国》，荣获季军（小机灵点评：小鲤鱼终于跳过龙门）。"

海名威说到这里感觉口干舌燥，说："我先歇会儿，去喝点山泉水润润嗓子。"

吴建华接着讲述："平心而论，胖圆虽然有实力，但论唱功不如黑妮，论嗓子不如张晓棠，特别是通俗唱法，和张晓棠演唱的那首一样的平淡无奇。张晓棠假如再拿出一首《枉凝眉》，非冠军即亚军，最起码也是季军。但是胖圆资源丰富：美妙歌喉＋本色演出＋淳朴憨厚人品＋巨大的人气帮助＋自强不息的精神＝征服评委。幸运之神又一次青睐了这个天才的仓库保管员。虽然没有获得冠军，但刘向圆的音乐梦想已经实现，她心有感触地说：'人穷不能志短，我不想被现在这种生活压倒，我希望通过努力改变这种状态，这次机会让我证明了自己。'对于命运，小刘感悟道：希望那些有梦想参加《星光大道》的，机会总是留给有准备的人。相信现实生活无论多么不幸，上天对每个人都是平等的。"

申莉总结道："对小刘最后那句话，我保留个人看法。每个人的天赋不一，抓住机会的概率就不一样。'上天'给生活在非洲朋友们的机会就比他赐予欧洲人的机会少，机遇不可能对每个人都是平等的。比如《星光大道》对全世界的人都是平等的：都可以来参赛。而上帝并不是公平地给了每个人这份音乐天资，至少大海就没得到。但是我们可以扬长避短，发扬刘向圆的自强不息的精神，不向命运低头，脚踏实地，依靠和结交人脉资源，积极进取，让青春闪光，打造自己的黄金命运链条。这个来自于贫穷落后地区的山村姑娘，各种资源缺乏，假如她听天由命，就会像多数人一样，过着贫穷忙碌的庸俗生活。但是她拥有一颗上进的心，一个普通人没有的资源——会唱歌，清亮的女高音。她将这些资源在占有的基础上，把握住机遇，所以她的命运发生了根本的好转。"

喝了一肚子山泉水的大海接着说："在晋级比赛中，国家一级作曲家兼演奏家卞留念在做现场嘉宾时表示，'刘向圆如果以后接着唱，她的歌我写了'。著名歌手爱戴也表态，'她以后演出的费用我包了'。比赛结束后，毕福剑宣布，冠军、亚军、季军三人中的任何一位，都可以参加当年中央电视台的春节文艺晚会。"

申莉老师最后归纳道："归纳起来就是一句话，刘向圆自强不息、奋发向上的过程中，赢得了一个又一个来自上下左右的帮助，人脉资源日益雄厚，带来好运连连。"

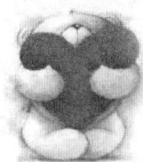

燃烧青春，每个人都有
属于自己的彩虹

朱之文——贫寒农民
如何从泥沼到云霄

🌿 10 岁时，父亲在贫寒中去世 🌿

朱之文，山东菏泽单县郭村镇朱楼村一个普通的农民。他的往昔不堪回首。朱之文兄弟姊妹 7 个，家境贫寒。他小的时候，全家住在 3 间摇摇欲坠的土房子里，父亲多病。寒风呼啸，土屋四处漏风。朱之文手冻得冰凉，父亲紧紧握着他的小手，害怕他冻着。那些年日子艰难，每天吃的是红薯面和咸菜。小朱之文想吃冰棍，父亲给他 5 角钱，让他去买。

朱之文懂事地把钱还给父亲，说："爹，钱你留着治病吧，等你病好了，我再买好吃的。"

父亲不知得了什么病，黑瘦黑瘦的，病得越来越重。穷人的孩子早当家，9 岁的朱之文用地板车拉着父亲去单县医院治病。

孝心拽不回父亲的生命。他 10 岁时，父亲去世。

🌿 10 岁辍学，16 岁打工 🌿

家里的顶梁柱没了，没钱供朱之文念书。正在上小学二年级的 10 岁朱之文不得不辍学，帮家里干活。

你一定会惊奇地问："10 岁？这么点小孩子，能干什么活？"

穷人的孩子早当家。小朱之文放羊、喂鸡、喂鸭、拔草，帮大人干很多杂活。

16 岁的时候，朱之文和村里的年轻人一起，到北京打工。那时候打工挣钱少，开始的时候挣不到钱，他们十几个人吃一碗面条，一人一口。到了朱之文这里，只能喝点面汤。最困难的时候，他们撸柳树叶，蘸着盐巴吃。

你一定会惊讶地合不拢嘴，"什么？吃树叶？连鲤鱼也不吃河草啊"！

好心的北京大妈要把剩饭菜给他们，他们很牛气地说"不要不要"。等人家倒了，走远了后，大家一窝蜂地狼吞虎咽。

🌿 1.4 元撑 1 个月 🌿

小朱二十出头后，媒人给介绍了很多姑娘，但人家一看这破旧漏风的土房子，马上望而生畏，敬而远之，第一面就成了最后一面。尽管朱之文拥有一米八多的个子，很帅的脸庞。

这样个头，这样相貌，如果换在高富帅身上，不知会得到多少风华绝代的佳人的青睐！

这么穷苦，有姑娘愿意嫁给他吗？哪有姑娘愿意和他过这样的日子呢？

朱之文拼命打工，积攒起钱，接近 30 岁的时候，他在亲戚朋友帮助下，在破房子后面盖了栋新房子，情况出现变化，天降福音，改变了光棍命。

媒人给介绍了成武县朱楼村的姑娘李玉华。媒人在夸赞朱之文的时候，只得拿唱歌说事，特意强调：他的歌唱得非常好，十里八村找不出这样一把好手。姑娘同意了，谢天谢地，朱之文的终身大事总算解决了。

虽然只有这点家底，但他们组建家庭后，依然幸福。

朱之文结婚后，家里穷得叮当响，南面那破旧房子漏风，家中一贫如洗。村民们风趣地说，如果排个朱楼村贫穷榜的话，朱之文一定能占据宝座很多年。最困难时，家里只有 1.4 元钱！

说来让人不相信，但这是千真万确的事实。即使这点钱，还是朱之文挨家挨户收酒瓶子、破凉鞋卖的钱。家里每天都吃自家的菜和粮食，这些不花钱。这点宝贵的资金，主要是用来买生活必需品：两盒火柴 1 毛钱，一小袋盐 2 毛钱等。就这样，1.4 元钱撑了 20 多天。孩子们嚷嚷着要吃糖块，朱之文心里难受得如刀割，不得不哄他们说不能吃，吃了牙疼。

磕磕绊绊，勉强度日。

很多人会节约过日子了，但是也做不到这点。

🌿 青春岁月：积聚核能 🌿

靠谁都不如靠自己。如果按照上苍的设计，贫穷农民朱之文这辈子也只能在田野里忙碌，维持温饱而已。但该同学特有志气，他坚信一条，那就是我命由我不由天。为了改变命运，他从童年就开始了艰苦卓绝的奋斗。

上天给你关上一扇门，必定给你打开另一扇窗。贫穷的父母没给朱之文留下值钱的东西，但是给了他一副嘹亮的嗓子。他从小嗓门大，爱唱歌，口腔自然张得大，又因排行老三，所以村里人喊他"三大嘴"。

朱之文的声音比喜鹊强悍、悦耳得多。他从小就喜欢唱歌，声音洪亮，唱起来有板有眼，老师经常表扬他。辍学后，朱之文一如既往地热衷于唱歌。即使再疲惫，他仍然坚持练习。晚上练习到十一二点，凌晨三四点钟又起来练。

会唱歌的人很多，但远远没有这种拼搏精神和干劲。

有同学会奇怪地问："这可怜的农民不是只念了不到两年的书吗？唱歌遇到很多生字，他如何解决得了？"

论文凭，朱之文确实只有小学二年级文化，不认识的字当然很多。但他的实际水平远远超出这个文化程度。他像传说中的霍元甲大侠那样，偷学＋自学。一是偷偷站在教室窗前偷听，然后用树枝在沙地上练习；二是及时请教伙伴们；三是买了部《新华字典》，遇到生字就请教这不说话的老师。所以朱之文能把那么多歌词把握得准确无误，字正腔圆。

他邻居幽默地说，不用买闹钟了，每天早晨都会被嘹亮悦耳的歌声唤起。朱之文怕影响邻居，就到家南头有条小河，旁边是杨树林，天天在那里练习唱歌。

他搬砖时候唱，盖房子时候唱，即使外出打工时，他还继续坚持练歌。

不局限在"朱氏练歌房"，他常在早起的院子里唱，在打麦场的夜色中唱，在树林里和涵洞里唱。农村野外的涵洞是天然的练歌房和录音棚，那里静悄悄没人打扰，还有长长的回音，在那里真正体会到了歌唱家的感觉。他每天凌晨三四点钟就喊着"一二三"命令自个儿蹦下炕，跑步到一房高的河堤上喊嗓子。下雨天就顶块塑料布喊，刮风天就对着风愣愣地喊，寒冬腊月大雪天他也在喊，全然不顾冻烂了手和脸……

即使在最艰难困苦的时候，朱之文仍然坚持歌唱，工友们都嘲笑他没心没肺不知愁。乡亲们经常动员他说，之文，来一个。他就会痛快地答道"好咧"，于是引吭高歌一曲。

朱之文虽然打工多年，依然贫穷，没积攒起太多的钱。辛苦挣来的那点微不足道的工钱多用来买录音机、磁带、唱歌的书籍等，家里很有意见。母亲和大哥都不赞成他这样痴迷唱歌，大哥朱之训经常教训他，"三儿，你这样整天唱歌有啥用？不顶吃不顶穿的，有那工夫还不如休息会儿呢"。但是朱之文非常倔强，认准了的事情非要干下去。"我喜欢歌唱，谁也阻挡不了我前进的步伐。"

概括这段故事，当你有天赋的时候，一定要像做蛋糕或奶酪一样，努力将之做大。那些跳跃龙门和凤门的小鲤鱼们，就是这个成功秘诀。你不做大天赋，就会逐渐被淹没，随着时间推移，你一无所长，像同类那样平庸。想想看，你们当中有多少人蹉跎了天赋？

相信很多同学都会脸红。

🌿 试剑：从山东骑 200 公里 自行车去河南参赛 🌿

平时刻苦地修炼，目的就是要在关键时刻派上用场。这就要求我们经常抓住机会，展现自己，检验自己，提高自己，才能升华自己。

农民歌星朱之文前些年，竟然能骑着自行车，长途跋涉接近 200 公里，从山东单县老家，去河南开封参加歌唱比赛，这样的壮举，有几个能做出来？

这么远的路程，即使长翅膀的鸟类，也很难一鼓作气飞过去。他骑着辆老掉链子的破旧自行车，怎么可能做到啊？

事实就是那样，他不仅做到了，而且是在两天一夜的时间内做到了。

当他到达目的地后，第一轮比赛已经结束。他累得上气不接下气，请示导演能否参加比赛。导演们问他，小伙子你从哪里来的？他有气无力地回答，我是从山东骑车来的。导演们顿时又吃惊，又敬佩，就让他唱首歌听听。朱之文唱了一首后，导演们高声叫好，一致同意，破例让他直接进入复赛。结果不虚此行，这个年轻农民一举夺冠。

朱之文参加了很多这样的比赛，不是得到冠军，就是前几名。在腾飞之前，他已经是一个小有名气的业余歌唱家了。

鹰能翱翔九天，全靠翅膀坚硬有力。翅膀早早地就沐风搏雨，经受多年的磨炼而成。老母鸡也有翅膀，但是长期不用，逐渐退化了。

常年生活在封闭农村的朱之文，为什么站在舞台上，大气磅礴，压住全场？就在于他平时参加了很多比赛，早已练就驾驭舞台的本领。更重要的是，通过比赛，发现不足，加以克服，才能进步。如果不参加这样的比赛，到了重要赛场，紧张生涩，哪里有现在的大衣哥啊？

瞬间跳跃人生龙门

这个了不起的农民唱功惊人，但是他所处地区偏远，信息闭塞，如何能大红大紫，为天下人所知？

如今的机遇太多了，你要是有实力，机遇就会找到你。大衣哥的家乡虽然离经济文化中心远，但现在文体选秀活动像大海波涛，一浪接着一浪。

话说2011年春节过后，朱之文很快就和工友们出去打工。劳动之余，新工友说："朱大哥，听说你歌曲唱得好，给我们来一段吧。"

如果朱之文不唱，他的辉煌后半生就可能改写。但是朱之文好说话，他就大方地唱起来："在那遥远的地方，有位好姑娘……"

天籁之音震惊了听众，有工友说你唱得这样好，干吗不去参加山东电视台《我是大明星》在济宁的海选比赛？

朱之文怦然心动，如果他自卑不敢去比赛，也没了以后的辉煌。他告诉媳妇说我要去济宁参加唱歌比赛。媳妇啥也没说，给他做了饭，并把家里仅剩下的100元给了他。如果媳妇不支持，就没有了朱之文后来的辉煌。所以找个好伴侣实在重要，不可不察。

春寒料峭，天飘小雪。朱之文穿着打工时候买的军大衣，戴着断了半截的黑绒线帽，先去了县城，忍痛买了30元（平时是15元）去济宁的车票。

到了海选地点，那里有两三千人参赛。朱之文有点打怵，如果他掉头回去，那就前功尽弃了。

临近中午，他问负责海选的导演李迎，我唱两句，你看我中不中？不行的话，我要回去了，晚了就没有回单县的车了。导演说："试试看吧。"

朱之文演唱了《三国演义》片头歌《滚滚长江东逝水》。嘹亮的嗓音，动听的旋律，强大的气场，一下把李迎震惊了。李导演说走南闯北海选这么些人，第一次听到这样的声音。导演看着他的军大衣问你有演出服吗？朱之文看了看其他西装革履的参赛选手，说没有，就这一身，要行就唱，不行俺就回去了。导演震惊于他的优美歌声，说那就这样上吧。你下午一点半来这里，我早早安排你上场比赛。李导演帮他精心选择了两首歌参赛——一首是成名曲《滚滚长江东逝水》，一首是《驼铃》。

这两首歌曲都不好唱，选手要有一定的唱功才能成事。

下午在候场区。前面的选手让朱之文紧张了，那人是个"跑调王"，唱的是西游记主题歌《敢问路在何方》，一字不在调上，刚一开口，观众就喝倒彩了，群起高呼"下去吧，下去吧"。主持人和评委很厚道，没有立刻赶他下去，又让他唱了几首，水平没变化，还是一个字不在调上。听见观众的倒彩声，大衣哥吓坏了：我上去也这样的话，岂不丢大了！大衣哥开始紧张了，腿开始哆嗦，脸开始涨红。轮到他唱了，他非常害怕，但报名了没有办法，只好硬着头皮上去。他穿着黄大衣，戴着断了半截的绒线帽，登上了他的历史性舞台。请铭记这一刻，见证奇迹的时刻来了。

"跑调王"刚下去，评委们正烦着呢，一位土得掉渣的中年男人上来了。只见此人身穿旧军大衣，破线帽，红着脸，鼻子上还有一块疤痕，整个一个酒蒙子形象！评委们心里更堵了。朱之文紧张的腿直哆嗦，语无伦次："各位评委各位观众朋友们，你们好，接下来呢，我是来自单县郭村镇朱楼村的一位普通的农民，我为大家献上一首歌，我特别喜欢唱歌，好，接下来，我为大家献上电视连续剧《三国演义》主题曲《滚滚长江东逝水》，希望大家喜欢，好，谢谢。"大衣哥忘记了介绍自己的名字，虽然很快这个名字就将家喻户晓。主持人张敏健评述："丁字步，一动不动，好，开始了……"

刚一开口，那浑厚嘹亮的歌声就博得了满堂彩，帅哥主持人张着嘴热烈鼓掌，评委们目瞪口呆。歌声磅礴、雄浑、婉转、悠扬，有动人心魄的感悟在里面，如杨洪基原音重现。一曲完了，观众掌声如雷，站起来鼓掌呐喊，朱之文心里的那点紧张，被观众的掌声稍稍平稳。现场气氛空前热烈，剧场都要爆炸了！

隆重而热烈的《我是大明星》海选直播大厅。局促不安的朱之文站在台上，听候3位评委点评。

武文评委说："是金子总会……"姜桂成评委打断："不是，不是，你是哪个专业团体的？"

武文道："冒充的吧？"

张敏健说："他玩 Cosplay 的，角色扮演！"

评委们开始反复盘问，验明正身。

姜桂成问："你穿着这身衣服，为什么打扮成这样来啊？"

朱之文回答："我是个农民，我没那么多钱买衣服，这还是穿得最好的呢！"

姜桂成问："你不是济宁歌舞团的？"

朱之文马上否认："不是，不是，我就是一个普通的农民。"

武文问："你是干啥的啊？种地？"

朱之文回答："种地，搭个泥灰班什么类的。"

武文问："地里都种的啥玩意？"

朱之文回答："种的麦子，玉米，花生什么类的。"

姜桂成道："考考他。考考他，这麦子现在到了什么情况了？"

朱之文："啊？挺旱的就是说，都快把麦子旱死了，就是说。"

姜桂成："麦子马上就要干什么了？"

朱之文："浇水，没事了出去打个工，干个建筑挣个零花钱什么类的。"

姜桂成不依不饶："我跟你说这个麦子现在到了什么程度？"

朱之文："麦子才长这么高一点（用手比量了约10厘米）。"

姜桂成："返青了吗？"

朱之文："返……啊，还没呢。"

张敏健大声叫道："我问他一个专业性的，麦子在种种子的时候是先浇水还是先放种子？"

朱之文："那得看旱不旱了，如果不旱就不用浇水。"

农业知识没有考住。但是评委还在考察。

武文说："敏健你近距离看看他的手，给个特写，看看像不像干粗活的？"

李军评委说："是干活的还是弹琴的？"

张敏健仔细看了朱之文的手，镜头特写：那是一双充满老茧和破口，颜色黑黑的手。

张敏健深情地说，"这是一双搬砖的手啊！"

姜桂成感慨："难以想象！"

武文继续盘查："你把他军大衣脱了。"

张敏健道："你不介意吧？我很正常。"

朱之文："我不介意。"

李军道："敏健你既然拿着话筒，不如换个版本，让他自己脱不就完事了？"

朱之文脱了军大衣，里面是件袖口开线了的暗红毛衣，是他妻子十多年前给他织的。

武文道："把他毛衣也脱了。"

李军评委调侃武文道："张敏健你没事，他没事，是你有事！"

武文感慨万千："这就说明了一点，是金子总会发光的，是疖子总会出头的，是好歌手穿军大衣也是掩饰不住的。"

姜桂成总结道："在这个舞台上，听了这么多歌手，像你这样，纯农民的歌手，纯在家种地的，来了也不少，我们非常尊重这些选手。不管唱的好还是坏，都抱着这颗心愿来了。你今天像是一个要上歌舞剧院的专业歌唱家在演唱，而且音准、节奏、音乐的表现力，无可挑剔。当然了我这是粗粗的这么一听，肯定更高水平的人还会听出你演唱还有哪些不足来。但我听的是非常享受了，而且这么多观众站起来给你鼓掌，足足可以证明你就是最亮的大明星。"

张敏健穿上朱之文的军大衣，幽默地说："我估计是这件军大衣给他带来的运气，脱了就未必能唱好了。"

武文："你从小就唱歌吗？"

朱之文："对，我从小就爱好，喜欢唱歌。"

武文问："听收音机、光盘，自己学唱？"

朱之文："本身没有什么框框，逮着什么唱什么。"

观众纷纷高喊："再来一个，再来一个！"

武文道："观众朋友们这么热情，那就再唱一个呗！"

朱之文道："接下来我为大家再献上一首《戴手铐的旅客》中的《驼铃》，希望大家喜欢，好，谢谢。"

雄浑婉转，优美动听。朱之文唱到半截，评委姜桂成突然"发难"："把伴音关了，接着唱。"

朱之文继续朗声演唱，声音依然。

观众欢呼雀跃。

演唱完毕后，姜桂成说道："我刚才故意让音乐停了，就是想听你清唱几句，我就不敢相信这是你的声音。结果停了音乐后，依然有这么好听的声音，而且你有一般的歌手所具备的特点，甚至你比他们做得还好，咬字非常清楚。你说话当地口音那么浓，一唱歌没有一点口音，而且往那儿一站，丁字步依然如故。动作做得非常恰当，真好啊。"

武文："你以前没有参加过比赛什么的吧？像农民歌手大奖赛你没有参加吧？"

朱之文："没有，我个人认为我的水平还差得多，按照我自己的要求。"

武文："我跟你说啊，你在我们这个舞台上一定会一步步地往前走，成为一颗熠熠闪光的明星。"

朱之文："好的，谢谢。"

姜桂成："我跟你说啊，刚才武老师说了，刚才李军老师也一直夸奖你，我对你也是非常欣赏，我觉得你晋级没有问题，而且你假如走好的话，你可能会走到最后的决赛去。你可能会因为你的歌声而改变你自己的命运，我觉得都有可能出现，奇迹能在你身上出现，我给你一票，坚决挺你。"

主持人张敏健："这就是《我是大明星》版的"苏珊大叔"，我们中国《星光大道》版的"旭日阳刚"。在我们舞台上同样可以出现这样神奇的人物。我天啊，听他唱歌，我的鸡皮疙瘩都起来了。"

武文："说实在话，我们很欣赏你这种一直不温不火的很朴实的作风，很欣赏你动人的歌声。我们期待着你能在这个舞台上，让我们的导演、专家们、朋友们一起包装你，成为我们这个舞台上最火的明星。我和李军老师商议了，恭喜晋级，你是大明星！他叫朱之文是吧？让我们记住来自菏泽单县郭村镇朱楼村的年龄42岁的农民——朱之文。"

姜桂成："军大衣哥。"

武文："好，大衣哥。"

从那一刻，红遍大江南北的"大衣哥"称号正式诞生。历史将记住山东菏泽单县郭村镇朱楼村农民朱之文腾飞的日子——2011年2月13日。

朱之文坎坷的身世，自强不息的精神，朴素的打扮，憨厚的性格，善良的为人，打动了场内场外越来越多的观众。2011年3月4日，山东综艺频道《我是大明星》栏目播出的济宁赛区海选视频在山东卫视官网公布后，朱之文遇到了伯乐——山东卫视导演张晓磊。2011年3月9日，朱之文海选参赛视频登上了优酷。张导演给他推荐至新浪头条，被网友疯狂转载，视频点击量超百万，成为了朱之文的成名视频。朱之文又迎来了名气更大的伯乐——著名歌星于文华联系张晓磊导演，并会同中央电视台《星光大道》王爱华导演，自费来到朱之文的家，邀请朱之文参加《星光大道》。

《星光大道》汇集了全国的业余文艺高手，而且赛制严苛，淘汰率很高，这个朴素的农民能应付得了吗？

尽管强手如云，但这毕竟是个用实力说话的年代。这个有志气有才气的农民，凭借天赋金嗓子和30年苦练的功底，一一击败对手，毫无悬念地一路凯歌：先是在《我是大明星》比赛中一举夺魁；然后又参加造星工厂——《星光大道》比赛，一路过关斩将，周冠军，月冠军，分赛冠军，被他悉数收进囊中，直杀到年度总决赛第五名的位置；然后朱之文又凭借雄厚的实力，赢得《我要上春晚》人气之王，一路欢畅地进入央视春晚。在那万众瞩目的激动人心的时刻，朱之文一曲《我要回家》，感人肺腑，荡气回肠，一唱成名天下知，成功就在一瞬间。

实力，实力，成功离不开实力，决定一切的就是"实力"二字。

准确定位，做笼中雀还是百灵鸟

幸福未必就是荣华富贵，而是通过奋斗拥有了一定物质基础后，过自己喜欢的日子。大衣哥这点就做得很精彩，体现了成功草根人士的精明。他出名后，很多有名望的前辈老师和热爱他的粉丝们，纷纷要求他签约大型文艺团体，参加正规培训，接受专业训练等。一些"珍珠"（粉丝）还大肆鼓噪，批评他总是接受各种非大型歌唱比赛，热衷于四处走场子，参与各种搞笑文娱节目。持这种想法的人其实很不开窍，没看出事情本质。

　　每个人有每个人的活法，不可勉强他人。适合自己的活法舒展人性，强迫自己做不喜欢的事情活法绑缚人性，那是很痛苦的。朱之文只是一个刚出道的农民歌手，虽然歌声动人，但毕竟文化底子薄弱，年龄相对偏大，你非要他进入高等音乐学院长期深造，恐怕心有余而力不足。这和李玉刚、刘大成等歌手的情况不一样，因为他们相对文化程度高，而且年轻。何况大衣哥性格活泼好动，不愿意过"板凳宁坐十年冷"的寒窗人生。他心里已经给自己定好位，我估计他一定是确定了后半生的目标——娱乐明星。

　　大衣哥给自己的定位不是十分精确，而是十二分的精确。他的活动大多围绕着各个电视台花样繁多的文娱节目和各地邀请的演出这两个中心，乐此不疲。既然他认为这样很快乐，那就这样快活好了，为什么非要强迫人家做不喜欢的事情？大衣哥早就盘算好了，做一个最会唱歌的农民，也做一个深受观众喜欢的明星。只要大家喜欢看他表演，他就这样一直表演下去。哪天观众厌倦了，他就回家种地。可以说进退自如，立于不败之地。

彩虹理论

天　赋

　　朱之文弟兄三个就他嗓子好，嗓门大，声音亮，有磁性，这是天生的。父母没给他钱的家产，但是独独给了他无价之宝——得天独厚的声带和乐感。

　　朱之文的音域宽厚，嗓音洪亮，演唱时而磅礴雄浑，时而婉转悠扬，有一副人人惊叹的多声部民族美声的金嗓子。

从这嗓子里发出的声音，嘹亮，激昂，雄浑，给人强烈的震撼感觉。从嗓音条件看，音色好，有质感，真声多，好听，有特点，让人容易接受，非常适合歌唱。而且低中高音部都有一定的实力：低音雄浑而不乏圆润，好似水墨渲染于纸，氤氲出祥和；中声部发音扎实，有完美的共鸣与强悍的穿透力；在高音区也具备很强的爆发力与进一步提升的潜能。也就是说，朱之文在发声特点上，有着常人不能比的浑厚清澈。

其大哥朱之训，其嗓音略带沙哑。二哥朱之芳嗓音也温和低沉，其他几个姊妹，连同其孩子，嗓子都没有朱之文嘹亮。

经先进的仪器测试，朱之文的声带发达，长着一幅多声部的嗓子，可以唱各个音域的歌曲。

台湾艺人黄安说得好："唱歌是所有艺术活动中最需要天赋的。张惠妹不用训练也是天后，而我老婆即使到音乐学院学上一百年仍然是乐痴。"

内　秀

内秀含义表面上不显眼，但很有内涵，内心聪慧，富有才华，有教养的内在美。一般用在外表不出众，不张扬的优秀人士身上。

朱之文就是这样，打工仔形象，但才华内敛。外观和普通劳力没区别，干着脏累重活，但是自强不息，积极上进，外憨内聪。

汗　水

朱之文在歌唱方面下的功夫，流的汗水令人敬佩。

虽然朱之文名字里有个"文"，但是文化程度低，他就格外下功夫。比如说在记歌词的时候，没有什么奇巧妙招，只有笨招数：一遍记不住两遍，两遍记不住十遍，十遍记不住二十遍，没有什么捷径，只有下气力，直到背熟为止。

自己琢磨五线谱、简谱，攻克生字，寻找感觉，唱一首歌需要一两年。

不管多累，吃过饭后，他都会来到练声房，对着镜子练习。唱不到位，就仔细揣摩，找感觉。找不到感觉，就到外面溜达溜达，等精神彻底放松了，再回来练。

通常一练就是两三个小时。等上床睡觉的时候，妻儿早已进入梦乡。

朱之文家的老房子漏雨。下雨了，他顶着个塑料袋子，也就是化肥袋里边那个袋。一撕，蒙在身上，仍然"米……吗……"这样练。

在常人看来很多无法忍受的痛苦，在朱之文那儿似乎都变成了快乐。

一分辛勤一分才。台上一分钟，台下十年功。

坚 持

在大衣哥成名的《我是大明星》比赛中，有选手试图向他挑战，但无一例外地都败北。

差别在于大衣哥有接近 30 年苦练的功底，足以秒杀对手。

大衣哥从小就喜欢唱歌，而且能坚持至今。

看电影、听插曲、唱歌，是少年朱之文最大的爱好。无论哪个村子放电影，无论十里八乡，他都邀上小伙伴徒步前往，在回来的路上反复吟唱学来的几句歌词。通过看电影，他学会了《红星照我去战斗》、《牡丹之歌》、《驼铃》、《知音》、《西边的太阳快要落山了》、《送别》等大量歌曲，经常演练，熟能生巧。后来听收音机，再到后来《在那桃花盛开的地方》、《军港之夜》、《小白杨》……直至后来热播的电视连续剧《三国演义》、《渴望》、《篱笆女人和狗》，他看了一遍又一遍，跟着唱片头片尾曲，比任何人都投入。

青年时期的朱之文穷且意坚不坠青云之志，在应付繁重的劳动同时，每天都要坚持练歌。

就这样，朱之文在有天赋、善领悟科学方法的基础上，集中精力，艰苦卓绝地坚持了 30 多年训练，终于练出了能发出天籁之音的歌喉。

30 多年的坚持，才有了如今红遍大江南北的大衣哥。

展　现

如果大衣哥不通过比赛展示实力，那么现在他仍然是菏泽的一位寒酸农民。

有天赋的大衣哥很懂得展示自己的道理。

在北京打工的时候，他就大方地在北京地下通道演唱。与前文所说，他曾经骑着自行车带着自己的音乐梦想前往开封参加比赛，几百里路骑了几天几夜裤子都磨破了，终于赶到现场；他还骑自行车 50 公里到商丘参加广播电台首届卡拉 OK 大赛得了第二名；在河南的沁阳参加腊梅节唱歌比赛，拿了第一名。

2011 年的那个春天，如果朱之文不听从工友们的劝告报名参赛，如果他到了济宁海选现场知难而退，如果他不勇敢地向导演李迎提出唱首歌试试，那么就没有今天红得发紫的大衣哥。

才　艺

这就不用多说了，朱之文的唱歌才艺十分精湛，他坚持不懈地做大了这个才艺，弥补了文化程度不足和人生家庭等其他重大缺失，这不是补天石吗？

人　脉

朱之文的人生超级幸运，老来得福。越往后越得到大量高层次人脉支持。

北京老太太送的电子琴，张晓磊导演和热心的粉丝将他演唱视频发到网上，引起著名歌唱家于文华等前辈关注，于文华领着"星光大道"的导演王爱华千里迢迢，来到朱之文的寒舍，指导提携。然后朱之文来到北京，在于文华的帮助下，认识了很多业内的权威人士，得到了大量的帮助。在"星光大道"的周赛月赛年赛等各个环节，大名鼎鼎的杨洪基、于文华等前辈纷纷指点和助演，使得这个在演艺界没有根基的幸运农民过五关斩六将，一举夺得第五名的殊荣。然后在《我要上春晚》的选拔赛中，朱之文又得到李谷一等前辈的赏识，荣幸地登上央视春晚这个大舞台，想不火不红也不行了。

可见在朱之文成长的每个关键环节，都会有贵人相助。否则就没有今天的大衣哥。

盖茨——哈佛肄业生如何
成为世界首富

珍惜天赋，做大奶酪

盖茨本来是在哈佛读法律的，他父亲是名律师，也希望孩子成为优秀的律师。盖茨在升读中学一年级的时候，接触到电脑，立刻产生了浓厚的兴趣，表现出超人的才能。当别的同学还在练习操作微机的时候，小盖已经精于编写电脑程序了。1972 年，小盖读中四，就和志同道合的艾伦成立了"交通数据公司"，以兼职形式，为其他公司从事软件开发，赚了数万美元。1973 年，小盖入读哈佛大学法律系，但他兴趣还是在电脑上。1975 年，NIST 电脑公司开发出被称为"牛郎星"的个人电脑，推向市场。牛郎星电脑需要 Basic 语言的解释程序，该公司还没开发出来。小盖向该公司承诺 3 周开发出来解释程序，然后和艾伦夜以继日地工作了 3 个星期，小盖甚至累的对着电脑睡着了。3 个星期后，这套解释程序问世。当年暑假，小盖和艾伦将原来的公司名字正式改为"微软公司"，专门从事微型电脑软件的研制开发。

✍ 全力以赴地做自己喜欢的事业 ✍

　　小盖的微软兼职事业越来越忙碌，越做越大，他感觉精力不够了，对法律专业的兴趣也不断降低。1976 年，在哈佛深造 3 年的小盖决心离开这所美国第一流的大学，这时他 21 岁，可以全力以赴地拼事业了。他推出个人电脑新的程式，促使他事业腾飞的转机是和全球最大的电脑生产商 IBM 公司的合作。1981 年 8 月 12 日，该公司宣布他们生产的个人电脑推出，它的操作系统正是从微软公司购入的 DOS 改良开发成的 MS－DOS。

✍ 小鲤鱼巧借冲天浪 ✍

　　不到两年，该公司卖出 50 万台电脑，水涨船高，微软也跟随电脑卖出 50 万个 MS－DOS 拷贝，营业额高达 3000 万美元。这很像幸运的小鲤鱼，借助冲天巨浪而跳跃龙门。盖茨这条小鲤鱼此后不断地抓住每次冲天大浪，飞跃的越来越高。1984 年，苹果电脑公司开发了 MACINTOSH 系统，微软高手们开发了适合这个系统的数种电脑语言。DOS 系统也不断研发了新的版本，到 1984 年年底，先后有 200 多家制造商和微软签订了使用 DOS 系统的合约。1986 年，微软公司成功上市，资产大增，员工由开办时的 2 人，发展到 1000 人以上。

✍ 紧跟潮流新产品 ✍

　　微软每隔一段时间，都要推出畅销的新产品，使小盖一飞冲天，坐上世界首富宝座的最大动力是不断完善的视窗 Windows 操作系统。这套操作系统成功于 1983 年，成熟于 1990 年。早在 1999 年，小盖个人持有的股票市值就达到 1000 亿美元。目前，全球 95% 以上的个人电脑，都装有视窗系统。财源滚滚来，盖茨想不要都难。

彩虹理论

回顾世界首富的成长经历，我们至少能领悟出一些值得我们深思的东西。

一是成就大业者必须找准天赋。克林顿公开表示，盖茨确实是个天才。应该说盖茨是电脑软件行业天才中的天才。否则你无法解释为什么那么多从事电脑行业的人，却没有取得盖茨的成就。小盖 13 岁的时候，刚接触电脑，其巨大的潜能就被激发出来，一发而不可收拾。如果让老盖去学习钢琴、演唱、写作，能否成功？

二是必须做自己感兴趣的事情。小盖精心钻研软件开发，克服了一道又一道的难关。如果没有巨大的兴趣激励，早就偃旗息鼓了。你对某事特别有兴趣，说明你的天赋就在这个领域，所以这一条属于天赋彩虹部分。

三是全力以赴地投入精力，做大天赋。假如盖茨只是将软件事业作为业余爱好，那么绝对无法取得现在的成就。人的精力是有限的，想成材，就要拼命地去做，才能将事业的奶酪做的比别人大。

四是想拥有财富，必须拥有追寻财富的内秀。想发展就要具备鹰一样的眼光，高瞻远瞩，富有规划性，这就是前面所讲的内秀彩虹。法律属于人文领域，接触微量的财富，即使再出色，也无法富可敌国。到全世界富豪排行榜上看，哪有靠律师行业而拥有大量财富的？电视连续剧《大染坊》里那个买办律师就深有感触地对儿子说，人哪里有那么多官司打？但是每个人都要穿衣，穿衣就要用布料，从这点看，当律师不如干实业。盖茨放弃了人文服务行业，进入能够带来巨大财富的电脑领域，你们卖电脑，必须连带我的软件，想不发财都难。

五是紧紧把握人脉，抓住机遇奋斗。电脑发展带给软件业的每次机会，盖茨都能抓住并充分利用。盖茨为什么能如此幸运？好运不是凭空掉下来的，而是他很好地利用了人脉资源。盖茨念七年级的时候，母亲就让他从公立学校转学到专门为西雅图上层家庭开办的私立学校。到了第二年中期，学校创办了一个电脑俱乐部，随后盖茨几个伙伴就控制了这间安置计算机终端设备的小屋，甚至盖茨干脆住在这小房子里。这是 1968 年，大部分学校还没有电脑俱乐部，而盖茨已经开始实时编程了。湖边学校的家长们能为学校的计算机运作提供足够的资金支持。当资金用尽的时候，恰好有同学的父母在电脑中心公司工作，而公司正好需要有内行从周末到周日晚的时间测试他们的程序，盖茨欣然前往。这家公司破产后，盖茨率领伙伴们到计算机中心转悠，很快受到一家 ISI 公司（信息科学有限公司）的委托，为公司编写工资单程序。这样一来，盖茨和同伴 7 个月内得到了 ISI 主机 1575 小时的上机时间。当这个有利条件终止后，朋友保罗已经在华盛顿大学找到了一台可以免费使用的电脑。恰巧盖茨住的地方离那里很近，可以在凌晨 3 点到 6 点悄悄上机。ISI 公司的一位创始人名曰巴德·彭布洛克被 TRW 这家跨国公司雇用，该公司刚签订了一笔合同，急需熟悉电站运作专业软件程序员，彭布洛克当然知道谁能胜任，就推荐湖边学校的盖茨和另一个伙伴。盖茨说服老师同意他在春季就读的时间来到那家电站，在高手诺顿的指导下编写程序。

良好广泛的人际关系给盖茨创造了百年不遇的发展机遇，给了盖茨充分的训练时间，这是同龄人难以望其项背的。当盖茨从哈佛大学二年级退学开办自己的软件公司的时候，他已经无间断地编写了 7 年的程序，远远超过成功必需的 1 万个小时。

从八年级到中学结束的这 5 年，盖茨紧密把握人际关系，充分利用广泛的人脉资源，再加上汗水、坚持等几道彩虹，所以他的命运天空无比灿烂。

六是及时展现要比片面追求高文凭重要。盖茨的学历是什么？连大本也算不上，但人家曾是这个星球上最富裕的人。假如他像某些学生那样拼命追求高学历而忽略能力培养，那么他就浪费了宝贵的资源，失去了腾飞的机遇，目前只是个普通的律师，无法展现自己的微软。文凭诚可贵，深造价更高；若为发展故，两者皆可抛。开发天赋资源，抓住机遇做大这还不够，必须及时地展现出来，这条命运彩虹十分重要。

七是再次验证了算命招数的荒谬。老盖拥有天文数字般的财富，是因为他领导了世界电脑软件行业的革命，发明创新了独一无二的软件操作系统。全世界那么多的电脑，九成半以上的都要使用微软的操作系统，这给老盖带来财富。这与他出生的时辰有关系吗？与他祖上灵寝、居住府第的地理位置（风水）有关吗？是哪个神仙保佑了他吗？

世界首富的成功也可以看到彩虹理论，世界首富只有一个，但我们可以走出自己的灿烂人生。

郎朗——世界级钢琴大师是怎样炼成的

遗传＋胎教

这是一个充满音乐气氛的家庭。祖父曾经是位音乐教师，父亲郎国任是文艺兵，在部队里做过专业二胡演员，退役后进入沈阳市公安局工作。1982 年在得知自己要当父亲时，郎国任便规划好了孩子的钢琴职业化路线：从郎朗还在肚子里就听音乐进行胎教。

郎朗还没出世前就已经受到良好的音乐熏陶：遗传基因＋音乐胎教＝郎朗先胜别的孩子一筹。

无师自通小神童

在家庭环境的影响下，郎朗很小就对音乐产生了浓厚兴趣，尤其在父母为他买了一架国产的立式钢琴以后。

刚刚看到父母买的钢琴，郎朗就觉得它不只是一件大玩具，因为它还能发出美妙、奇特的声音。在电视上看到那些穿着燕尾服，系着领带的大人，坐在钢琴前，用手在黑白的键盘上来回敲打时，郎朗非常羡慕。他喜欢听钢琴中流淌出的优美旋律，更崇拜那些身穿燕尾服的人。

有一天，小郎朗在电视上看到卡通片《猫和老鼠》里有一集叫做《猫之协奏曲》。汤姆是一只猫，也是一位钢琴演奏家。它穿着一身礼服出场，对观众鞠躬，开始弹琴。然后老鼠杰瑞爬出来，开始按着一段爵士乐的节奏敲打琴键，最后却是老鼠穿着礼服谢幕，接受观众的掌声。"它们的演奏美妙无比"，这让才两岁的郎朗"觉得有趣极了"。他被小老鼠杰瑞在钢琴上跳上跳下发出悦耳动听的美妙音乐所打动，激情澎湃，爬到爸爸给他买的新钢琴上，竟然弹出了完整的旋律！须知那时他还从没碰过钢琴。

还有一次电视里正在播放电视连续剧《西游记》。当听到蒋大为演唱的《敢问路在何方》时，郎朗心里充满激情，立即沉浸到音乐之中。歌唱完了，但那奔放的旋律还在心头萦绕，于是，郎朗不知不觉地在钢琴上弹了起来。说来也怪，虽然没有学过音乐，歌也只听了一遍，郎朗却几乎把这首歌的大部分旋律都弹了出来！

没有几个孩子在第一次坐在钢琴前就能让手挺立在琴键上的。郎朗做到了。如果没有这方面天赋，再苦练也不会有多大用处。

时刻都在观察郎朗的郎国任看到这一切，顿时欣喜若狂！就是在那一刻，他在心里认定了：这小子是个天才！天生就是音乐家！

天分，这是搞音乐必不可少的，否则再逼也没用。

早早开始勤奋

刚刚 3 岁，爸爸带郎朗去学钢琴，每次学习一两个小时，却不觉得累，非常喜欢学。爸爸发现郎朗不仅有音乐天赋，还能吃苦。

郎朗4岁那年，爸爸带着他拜见了沈阳音乐学院的朱雅芬教授。当郎朗坐在钢琴前弹起曲子时，朱教授非常惊讶，这么小的孩子，就能把曲子弹得这么感人！看来，这个孩子的心里有一定的音乐分子，不，应该说，他的全身都充满了音乐！朱教授越听越感动，就对他爸爸说："这是一个很有天分的孩子，生来就是为了弹钢琴的！我一定好好教他。"

练琴时，郎朗每隔一段时间，他都给自己定下新的目标。谁弹得最好，他就会记住他的名字，发誓超越。在超越他人的同时，琴技提高了，把琴练好的信心也越来越足。从郎朗学琴的那天起，爸爸就设计、安排了时间表，以取得更好的学习效果，并用大半年的收入买了一架星海牌钢琴。爸爸还把整个客厅都腾出来，供郎朗练琴。屋里的床不大，最多只能睡两个人。可是宽敞的大客厅里却放着钢琴，全归郎朗一个人使用。

有一次，郎朗前一天晚上就跟着父母去了舅妈家。晚饭后，郎朗和舅妈家的几个孩子正玩得开心，爸爸突然对郎朗说："不行，你得练琴了！"舅妈为难地说："哎，我哪儿有琴啊？"爸爸说："就让郎朗在地板上练习指法吧。"于是，郎朗就在地板上敲了起来。

郎朗5岁时，获得了沈阳市少儿钢琴比赛第一名。

在闷热的夏天，屋里没有风扇，更没有空调，幼小的郎朗坐在钢琴边一弹就是10多个小时。郎朗从小就有着同龄人少有的刻苦，因此，他的成功也注定源自勤奋。

每天上午去上文化课，下午去学琴。为了更多地了解钢琴知识，爸爸每节课都要站在郎朗教室外"偷听"，等下课回家后，父子俩是一边吃饭一边还在讨论老师教的课。10岁那年，他以第一名的成绩考入了中央音乐学院附小。

郎朗每天要完成8个小时的训练，渐渐地，他可以熟练地弹奏难度很高的柴科夫斯基《第一钢琴协奏曲》，还能演奏拉赫玛尼诺夫的《第三钢琴协奏曲》。后来就连著名指挥家马泽尔都感到惊讶："郎朗的钢琴基础在哪里打下的?"有人告诉他说："郎朗是在中国学的。"

进入中央音乐学院附小后，郎朗获得了星海杯全国少儿钢琴比赛第一名。有了对钢琴学习的明确目标和极大兴趣，加上初次尝到获奖的喜悦，郎朗在以后的道路上不畏艰难，持之以恒，吃苦耐劳，勇攀高峰。

郎朗一点也没觉得自己牺牲了童年，相反他认为，即使是天才，有付出才有收获。他说："我也玩了，只不过玩得可能比别的小孩少一点，概念不一样。我要是除了练琴之外什么都不干不就是傻子了吗？我什么也没耽误。可是我有今天的辉煌，哪有不付出的道理？得下功夫，再天才也得练哪。"

事实上，郎朗无论是在中央音乐学院，还是在后来的国外留学期间，他的勤奋与刻苦都是独一无二的。尤其是当他以第一名的成绩考入美国著名音乐学府——柯蒂斯音乐学院后，学校规定晚上11点就要关闭琴房，而他经常是如痴如醉地在琴房内练习到管理者上门催促才肯离开。可见，如果没有如此这般的强烈意志和刻苦努力，也就无法造就成为后来的钢琴骄子。

一切为孩子让路

郎朗确实天资过人，以不可思议的进度超越了沈阳所有学钢琴的孩子。他分别在 5 岁和 7 岁时毫不费力地夺得了沈阳少儿钢琴大赛的第一名。

朱教授鼓励他到北京继续学习钢琴。郎国任也深知到北京深造的必要，郎朗 9 岁的时候，爸爸让郎朗去北京中央音乐学院学琴。他破釜沉舟，给单位领导写了一封辞职信，要点是："我必须去北京培育我的儿子！"

就这样，郎国任辞了令人羡慕的特警工作，带着儿子来到北京，租住在地下室，从完全不会做饭到开始照顾儿子的饮食起居。到了北京后，郎朗跟着爸爸住在丰台区白纸坊一座条件简陋的二层筒子楼里。父子俩挤在一居室里，除了一套好一点儿的音响和一台必备的星海牌钢琴之外，连电视机也没有。这是父子俩刻意营造出的紧张、充实的奋斗环境。他把自己的整个前途和生命都奉献给了儿子和弹琴。

妈妈却一个人留在沈阳工作，用她一个人的工资来支撑着这个家。为了郎朗，妈妈每月只花掉 100 元的生活费，却把剩下的钱全寄到北京，这是郎朗沉重幽暗的童年岁月中的一抹珍贵的阳光和亮色。

儿子考进中央音乐学院附小后，在音乐学院出入的家长不少，却没有人像郎国任那样，每当郎朗上课，他就在教室外面趴墙根，竖起耳朵用心听老师在课堂上如何给郎朗授课。以前他是这样做的，到了北京他还是这样做。功夫不负有心人，郎国任这种独特的听课方式终于取得成效，他悟出了钢琴教学的奥妙。正是这种感悟，使他每天能与郎朗交流、切磋，爷儿俩常常面对一首新曲子一起交流演奏技巧，交流对乐曲的感受。

不久，郎朗得到一个去德国参加音乐比赛的机会，可是，全家人的生活就靠郎朗的妈妈一个人来支撑，郎朗参加国际比赛，费用需要自付，必须拿出5万块钱来，这是多么艰难啊！可怜天下父母心！爸爸瞒着郎朗向亲戚朋友借了5万块钱，陪郎朗来到了德国。为了孩子，父亲把一切都押上了。

结果，12岁的郎朗获得了第一名！

13岁，郎朗以公派的身份参加在日本举办的柴可夫斯基青年音乐家比赛，在这项艰难的比赛中，他战胜国际众多好手，获得金奖。

在那里，郎朗一面学习各种课程，一面进入高中上文化课。除钢琴技艺日渐成熟之外，郎朗也从这里迈出了职业钢琴家的第一步，陆续获得了与克里夫兰交响乐团、巴尔的摩交响乐团等大型乐团的合作机会，钢琴水平又获得了很大的提高。

1999年8月14日，刚满17岁的郎朗在美国芝加哥拉威尼亚音乐节的明星音乐会上一举成名。当时这场长达5小时之久的音乐盛典，邀请了5位世界著名的钢琴家加盟演出。确定与美国"五大"之一的芝加哥交响乐团合作演出的著名钢琴家安德烈·瓦茨急病退出，音乐会总监艾森巴赫急招郎朗替补上场，与芝加哥交响乐团合作演出的柴科夫斯基《第一钢琴协奏曲》，令3万名观众沸腾！《芝加哥论坛报》说："郎朗是世界上最伟大、最令人激动的钢琴天才。"

十年寒窗无人问，一朝成名天下知。

🍃 不怕挫折，扩大人脉，追寻好运 🍃

郎朗成功并非一帆风顺，特别是到了北京求学，遭受到一连串的挫折和打击：

到北京第一天被邻居骂，第二天警察上门查户口，第三天居委会说"你别弹琴了，你的琴声吵死人了"，第四天楼下小孩说"就因为你我的功课从 100 分降到 70 分了，再弹一个星期我就不及格了"，坏消息一个个接踵而来，在学校也被同学取笑，嘲笑他的口音是东北农民……

虽然拼命苦练，但郎朗意外地遭到了钢琴老师的当头棒喝，新老师看不上郎朗，曾经把他批得体无完肤，语言恶毒："土豆的脑袋、武士道精神、打砸抢的风格"，在郎爸多次恳求后，还是提出不教了——这对父子俩来讲都是毁灭性打击，以致郎朗一度失去了信心，而此时的"郎爸"也近乎崩溃。

当时，郎爸辞去公职，专门陪郎朗来京学琴，孤注一掷把全部心血放在郎朗身上，那位新老师的话让他顿时感到"一切还没开始就结束了"的绝望。从老师家里出来时，郎爸庆幸下着瓢泼大雨，让儿子看不清楚自己脸上到底是雨水还是泪水。有一天，他对郎朗说：你现在有 3 个选择，回沈阳，跳楼，吃药。郎朗回忆说所谓吃药，就是一下子吞下几十片治发烧的药片。当时郎朗选择了最后一种方式回应了老爸：吃药。不过他从老爸手里接过药片后，突然觉得生气，猛然把药片扔到了爸爸身上，愤怒地说，"这又不是我的错，为什么要我吃药"？

好运气出现了。

郎朗在受钢琴教授的打击后，放学后不想回家，自己一个人在市场游荡。市场里一位卖西瓜的大叔吆喝声吸引了郎朗的注意。郎朗随手捡起摊上一个西瓜，一手举到耳边，另一只手无意中像弹钢琴一样弹着西瓜，判断西瓜的好坏与否。卖西瓜的大叔，一看郎朗挑西瓜的手势，就随口问了一句："你是不是弹钢琴的？"就是这句话勾起了郎朗的所有烦心事，想家、被教授打击、不想再弹钢琴等种种烦恼都对那个好心的大叔倾吐出来了。在大叔的劝慰下，郎朗重新拾起了对钢琴的兴趣。"我特别感谢他，后来他成了我们家的好朋友，我叫他二叔。"

试想，如果当时郎朗真要一下犯糊涂，那世界就很可能少了一位 500 年不遇的天才，今天我们也无法欣赏到郎朗美妙绝伦的琴声了。

郎朗回忆此段经历时说，"成功最重要的是兴趣。那是一个十分艰难的时期，几乎让我失去对钢琴的兴趣，差点崩溃"。对此，郎朗的父亲郎国任说："每一个成功的人，都要经历十分特别的困难，只有执著地追求才有可能通向成功。"

郎国任善于为儿子追寻好运气。

比如在选择老师时他有一个著名的"喜新厌旧"理论：这一段正跟 A 老师学着，后来偶然发现有一位 B 老师水平更高，那就得跟 A 说再见了。

在郎朗获得柴科夫斯基钢琴比赛第一名以后，爸爸让郎朗从中央音乐学院退学，报考美国的科蒂斯音乐学院，郎朗又一次以第一名的成绩考取了美国这所著名的音乐学院。

如此不断扬弃，不断攀登，不断升华。

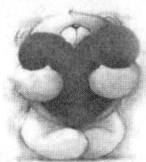

让命运的天空绚丽多姿，彩霞朵朵——知心姐姐的信

光阴荏苒，岁月如梭。

大海、纪德妹、姚云、孙静、姚军这批可爱的学生们小学毕业了，要升入河口于初中。他们不舍得亲爱的申莉老师，都感到撕心裂肺，个个争先恐后地抱着莉莉姐痛哭流涕。

申莉安慰道："好弟弟好妹妹们，我更舍不得你们，恨不得让时光凝固，我们永远这样相处，但这是不可能的，天下没有不散的宴席。我们以后会经常见面，我也会时常关心你们，咱们友谊天长地久。我写了一封长信，里面凝聚着我的心里话，你们有时间看看，或许有所启迪。好了，别哭了，快快乐乐地走出校园，开始你们更广阔的人生舞台。"

一批批学生们和申莉姐姐热情拥抱，恋恋不舍地挥手道别，此情此景，感人泪下。

大海和纪德妹等要好的同学来到小清河边，打开莉莉姐带着清香味儿的信，一股股暖流涌向各自心头——

让命运的天空绚丽多姿，彩霞朵朵

亲爱的同学们，你们好：

五年学习生活，恰似一瞬间；今日别离，何日再见，几多惆怅平添。咱们结下了深厚友谊，我会用一生去珍惜。

我好喜欢你们，一直是把你们当弟弟、妹妹看待。你们聪明好学，活泼可爱，未来前程一定不可限量。我们一起学习了描绘命运的七道彩虹，帮助了同学们找出缺乏内秀的幼稚行为。有了这美丽的七道彩虹，大姐姐再给弟弟妹妹的命运天空添加几道风景，相信你们的未来一定是五彩缤纷，色泽绚丽。

朝霞：活出朝气蓬勃的你

初升太阳照耀的云彩是朝霞，预示着新一天的开始，给人以蓬勃振奋的感觉和力量。

同学们拥有着青春，拥有着朝霞，应该生机勃勃，积极向上。这里有两层含义，一是你们要用青春学知识，长本领，超越权威，成为一代名家；二是当苦难和挫折袭来时，你们要用青春挺住身躯，别被压垮，一定要相信：一切都会过去，未来照样美好。

要做到这一切，你们必须拥有蓬勃向上的朝气，将青春岁月用于打拼事业，克服难关，而不能蹉跎岁月，虚度光阴。

青春越早燃烧越能发出超量的光和热。

与前所述，享有"当今世界最成功、最年轻的钢琴家"、"中国腾飞的符号"等美称的超一流钢琴大师郎朗成功最关键的秘诀是什么？很多励志书宣传郎朗，但是都没揭示出他成功的本质。郎朗成功除了具备遗传天赋、浓厚的家庭音乐氛围、坚持不懈的奋斗汗水、不断地提升人脉等彩虹理论外，最关键的是他早早地开始了打拼，直到大获全胜。

当今光彩照人的武打明星甄子丹的成功秘诀，在这方面与郎朗高度类似。甄子丹母亲精通武术，遗传给他这方面的天资很高，更重要的是早早教他练武。甄子丹1岁时就能劈开一字马，能耍刀舞剑。甄子丹10周岁时，全家移民美国波士顿，母亲开了家武馆，小甄子丹竟然能给母亲当助教了。再经过这么多年的勤学苦练，甄子丹学到了传统和现代的武术，理解了武术内在和外在的规律，荣获第31届金像奖最佳动作设计。甄子丹如今既能当演员，又能做导演和武术指导，成为继李小龙、李连杰、成龙后的又一动作巨星。

郎朗和甄子丹等成功者利用一切可利用的时间充实自己，升华自己，最终胜出。

盖茨奠定事业基础的时候，才20岁左右，而我们处于这个年龄段的青年，有多少沉浸在网络游戏、谈情说爱中？一天天地荒芜时间，看着都让人心疼。机遇更是难得，时不我待，如果迟疑，宝贵的机会就会悄然流走，再也没有腾飞的良机了。一年年宝贵的光阴，一个个黄金般的机遇，千万不要虚度错过。

燃烧青春需要时间，所以请同学们一定要记住：你们并没有太多的时间资本用来挥霍。青春是世上最宝贵的东西，诚如李大钊所言——"一生最好是少年，一年最好是春天"。同学们一定要万分珍惜青春年华，这是世界上最宝贵的东西。

你们必须明白：这个世界上有很多比你聪明的人，而且还比你勤奋。你想超越他们，难以比他们更聪明，那就必须比他们更勤奋。

胜利的秘诀是青春。青春是青少年时段的春天，青春无价，青春无敌。

云朵：活出奇光异彩的你

蓝蓝的天上白云飘，我小时候最喜欢看云。

云彩的大小形状千奇百样，变幻莫测。

天空正因为有了各式云彩才变得绚丽，人间正因为有了不同的人物才变得多彩。

一个人在这方面不如你们，很可能在别的方面很优秀，比如胖脸蛋陈立浩，虽然学习成绩稍逊一筹，但是要论体育武术方面，你们都加起来也不是他的对手。"柔道格斗冠军"陈同学，你要全力做好体育事业，不管别人说什么，你的未来照样辉煌。

千奇百样才构成五彩斑斓，否则大千世界就过于单一。每一个人都是造物主在世上唯一的作品，没有复制，没有克隆，造物主不是把你当做别人的附庸而产生出来，仅是作为你而存在。你们要尊重某方面很另类的人，这些另类的人也完全不必自卑，而应大方开朗地打造属于自己的新天地。咱学校的退休老教师——你们的仲跻清奶奶就是这样：她童年的时候刚建国，政府提倡妇女解放，参加学唱队，唱歌跳舞学文化。别的女孩子被封建传统束缚而羞于出头露面，但仲奶奶却不顾众人异样眼光，积极参加，很快就被学校聘为教师，受用一辈子。

素有"文字女巫"之称的"70后"作家饶雪漫所著的《胆小鬼》一书里提到的代悦更是如此。这个长相清秀的小女生生于1987年，毕业于四川音乐学院，唱功精湛，但因中性风格的嗓音和打扮而饱受争议；她曾退出比赛，为的是重新开始自己自由自在的生活，却被斥责为哗众取宠。怎么做都难以讨得别人欢心，那么代悦该怎么做？

是逃避隐居还是随大流？

代悦做出了正确选择。

外弱内强的代悦没有屈从非议，而是走自己的人生路。代悦拜"音乐精灵"黄韵玲为师，苦学苦练。她在台北接受顶级的魔鬼培训，每天要奔波于三四个上课地点，认真学习声乐、舞蹈、形体、录音等不同的课程，晚上回到酒店也顾不上休息，而是一刻不停地回味整理成长心得。形体课上，她的身体被吴义芳老师快要"掰成两半"；舞蹈课上，拉筋到流下泪水；配唱过程中，因为感冒差点影响录制。直至2012年12月从台湾学成归来，制作了第一首单曲《这一刻我懂了》。

代悦的青春闪亮，为"爱与勇气"发声，成效斐然：获2009年东方卫视《全家都来赛》国际歌唱比赛第六名；2010年青海卫视《花儿朵朵》全国歌唱比赛第五名；《花儿朵朵》全国6进5周冠军及"花仙子"称号；《花儿朵朵》全国总决赛获得"人气王"奖；全球娱乐热势力2010"内地最红人冠军"；2010年度"学生最喜爱的艺人"TOP10第三名；2010年carefood肌情护肤品形象代言；第三届中国网络植树节形象大使和"保护地球，绿色行动"公益大使和2011年青海卫视《花儿朵朵》高校唱区代言人；2012汇源果汁果乐形象代言。

正因为她独特的嗓音和帅气，她得到越来越多的粉丝和越来越大的舞台；正因为她与众不同的举止做派，很多人看了以前从没看过的"青海卫视"；正因为她的性格和智慧，她取得越来越大的成功。代悦用丰硕的成果为自己正名，于2010年10月23日正式签售的图文写真集《无可取代》是其成功宣言，是给那些非议者的最佳回答。代悦在花儿朵朵众花之中被称为"风信子——代悦"，将会是未来的一颗耀眼的个性明星，台湾知名艺人郎祖筠和王牌经纪人也称她将成为下一个巨星。

代悦的成功完全可以用咱们的彩虹理论分析：她拥有令人羡慕的歌唱天赋。比如她在台北应邀参加黄韵玲"海边的卡夫卡"音乐会的特邀嘉宾，与小玲姐一起合唱《心动》，她不仅演绎动人，更关键的是声线特别，因而获得现场热烈的掌声和众多歌迷的追捧。制作人钟兴民盛赞，称"这是除黄韵玲外最好听的版本"。此外还有汗水、坚持、人脉、展现等众多因素，同学们可以逐一对照分析。

因为成功者是极少数，所以古今中外的成功者总是与众不同。

在奋斗过程中，你常常会感到自己是孤独的，是另类的，甚至是痛苦的。但是你只要像代悦那样走对了道路，未来是站在你这边的。

我把代悦博客里的一段名言摘录下来，彼此共勉——

"只要内心有梦，到处都是舞台。最完美的那个我永远在你们的心里。从今天起，每天都要努力，每天都要充实地度过，永远坚持自我。今天就是永远的第一天。"

晚霞：爱上不够完美的你

在未来的岁月里，你们一定要学会好好地爱自己。

只有自己爱自己，才能得到别人的爱。如果自暴自弃，一蹶不振，那很难得到别人的喜爱。

一定要记住：不管身上有多么可怕的缺点，只要勇敢面对，就没有什么可怕的。如果因此而一落千丈，那就是变相自杀，没人会瞧得起。

谁都不会十全十美，谁也无法成为全能。你们这些年当然也暴露了很多不足，比如小机灵的早恋，姚云的忽视体育锻炼，胖脸蛋的盲目追求多元发展等。但现在你们不是个个都很阳光，很明净吗？

这就像天空出现阴云一样，最终还是要散去，晴空朗朗。

爱上生命中的不完美，爱上不完美的自己。

不管出身贵贱，不论家庭穷富，不计较父母给你的平台有多高，不嫌弃自己丑矮黑胖青春痘和是否残疾，你永远是最棒的。不管遇到多大的挫折，一定不要灰心，不要气馁，上帝就给了你这样的人生牌局，你要做的是淡定自如地把手中的牌出好。

澳大利亚有个传奇人物，名叫尼克·胡哲。他饱受命运虐待，比绝大多数人都不幸：一出生就没有四肢——也就是常说的海豹人。

他在 10 岁前数次想到自杀，但是后来振作起来，奋发图强，活出灿烂的自我：取得会计及财务规划双学位，拥有自己的公司，出版过两张畅销全球的 DVD，写了一本书《人生不设限——我那好得不像话的生命体验》，实行各种创意行善，在五大洲接近 30 个国家，举办 1500 多场演讲，给予（接受）数百万个拥抱，散播希望与爱的行动。

胡哲说我的美在于我的与众不同，我学会用笑来面对身体上的障碍以及其他奇怪反应。他打开自己内在的爱之光，想办法减轻别人的痛苦，帮助那些更需要帮助的人，活出快乐满足的人生。

新近崛起的钢琴师、音乐人刘伟的成功更有说服力。

出生于 1987 年的刘伟，在 10 岁之前一直健康快乐地成长着。刘伟的青葱梦想是当一名职业足球运动员，这一理想在 10 岁那年的一天戛然而止：淘气的刘伟和小伙伴们捉迷藏，结果不幸被 10 万伏的高压电击中，险些送命。经过抢救后，他失去双臂。

上帝不仅无情地剥夺了他在绿茵场奔跑的权利，而且连正常人料理生活的能力也残忍地一起没收。

在医院做康复、心灰意冷的那段时间，他得到了北京残联刘副主席的鼓励。之后，刘伟树立了活下去的信心，他学会了用脚刷牙、吃饭、写字，网友还称赞他打字速度真快！

耽搁了两年学业，妈妈想让刘伟留级，他坚决不干。刘伟在家教的帮助下，利用暑假将两年的课程追了回来。开学考试，他成绩优异，获得班级前三名的佳绩。

刘伟一直对体育念念不忘，足球不行，那就改学游泳。在 12 岁时开始学游泳，进入了北京市残疾人游泳队。仅仅两年之后，他就在全国残疾人游泳锦标赛上获得了两金一银。刘伟重新树立人生信心，跟母亲许诺，"在 2008 年的残奥会上拿一枚金牌"。

正当刘伟要做大这个事业的时候，谁知厄运又来纠缠：过度的体能消耗导致免疫力下降，人生又出现转折——患上了过敏性紫癜，医生建议必须停止训练，否则危及生命。

无奈之下，刘伟与游泳说再见，把情感寄托于另一项爱好——音乐，走进了后来带给他成功的音乐世界。

练琴的艰辛超乎了常人的想象。由于大脚趾比琴键宽，按下去会有连音，并且脚趾无法像手指那样张开弹琴，刘伟硬是琢磨出一套"双脚弹钢琴"的方法。每天练习七八个小时，练得腰酸背疼，双脚抽筋，脚趾磨出了血泡。三年后，刘伟的钢琴水平达到了专业七级。

20 岁时，刘伟演奏了一首《梦中的婚礼》，全场静寂，只闻优美的旋律在回肠荡气。曲终，全场掌声雷动，他是当之无愧的生命强者；22岁时，刘伟成功挑战吉尼斯世界纪录，成为当今世界上用脚打字速度最快的人；23岁时，刘伟一举摘得东方卫视第一季《中国达人秀》总冠军的桂冠；更辉煌的是刘伟有幸在奥地利维也纳金色大厅演奏钢琴，声名鹊起；24岁时，刘伟加盟青春励志剧《我的灿烂人生》和电影《最长的拥抱》的拍摄，演绎自身精彩人生。刘伟还出版畅销励志书《活着已值得庆祝》，记录他的璀璨人生路。

刘伟的人生很不完美，厄运时常摧残折磨他，使得刘伟都无法像正常人那样过普通日子。但是刘伟没有被命运击垮，而是直面现实，接受自己，在力所能及的情况下，让残缺苦难的人生完美起来。

那些四肢健全的人与胡哲和刘伟相比，不知要幸福多少倍，为什么不能像这两位奇人那样，挺起胸膛，昂扬青春，让生命精彩起来？

面对诸多风霜雪雨，面对命运的疯狂摧残，你没理由情绪低落而作践和抛弃自己，一定要爱惜自己，欣赏自己。你首先要满心喜悦的面对自己，能够像欣赏艺术品一样欣赏苦难人生，直率承认，坦然接受。在此基础上，用青春打败苦命，尽力追求成功。

你们应该能做到这一点，因为你们拥有青春。

月光：做好淡定的你

上帝给了你现在的牌，你就要脚踏实地，认真出好每一张牌。别人的成功很难复制，因为你未必能有人家那样的牌。

同学们在成长过程中千万不要好高骛远，那是一种不切实际地追求过高目标的做法，最终只能鸡飞蛋打。

我要说的是曾经风靡一时的"哈佛女孩刘亦婷"热潮。借助《素质教育在美国》的东风，书商的炒作，《哈佛女孩刘亦婷——素质培养纪实》据说热销 200 多万册。后代光宗耀祖，出人头地，对广大家长来说，无异于是扬眉吐气的一件大事。大批的学生家长慷慨解囊，按图索骥地培养孩子。很多同学照本宣科地学，却不想想是否具备刘亦婷那样的条件。没有刘亦婷那样的条件，即使其兄弟姐妹也未必能取得她那样的成就，原因可以用我们学过的彩虹理论去分析考量。

一定要记住：理想必须远大，但目标必须合理。

既然每个人的条件不一样，那就不要去攀比，更不要拿自己的短处去比别人的长处。

根据彩虹理论可以看出，如果不具备相应的成功条件而非要去追求成功，那样不仅事倍功半，而且还未必能成功。

还有就是：不要盲目攀比。

如果非要拿着自己的短处去比人家的长处，那样你会无比痛苦，人生支柱也会坍塌。每个人有每个人的不同活法，每个人都以不同于别人的方式生活在这个星球上，有优秀的，有差的，但是世界上的人不可能全部都是优秀的。如果孩子们都变成神童，那么，哈佛、北大的校舍要扩建一万倍也不够。比如海名威的长处是语文，如果他非要和姚云比数学，那何时会超越呢？同样道理，苗条的姚军非要和健壮的胖脸蛋比体育，那有无前提而言？

正所谓天生我材必有用，没有所谓废物之说。即使是垃圾还可以回收利用，何况人呢？

你们确实需要拼搏，但要根据自身条件去淡定自然地拼搏，而不是照搬照抄别人的成功经验，东施效颦，削足适履。

度过一段奋斗岁月，你感觉没取得理想成绩，心情苦闷。

你要坚信，虽然没有做到最好，但已发挥出了自己的全部。你身上的每一个特点也都染上了你的色彩，赤橙黄绿青蓝紫，五颜六色，或许与时尚流行的其他色彩格格不入。但不必自卑，不必羞惭，你只管辉煌自己的人生。

你可能只是路边一颗单薄的小草，长不成葱郁的大树，请肯定自己，接纳自己；你可能只是田野一株不起眼的小野菊，成不了华贵的牡丹，请肯定自己，接纳自己；你可能只是山间一条小溪，无法变成一望无际的海洋，请肯定自己，接纳自己；你可能只是颗一闪一闪的小星星，无法成为耀眼的太阳，请肯定自己，接纳自己。

你要铭记：苍茫星空，耀眼的星辰只能是极少的几颗，绝大多数只能发出普通的光亮，点缀广袤的夜空。

不管同学们如何努力，能升入清华、北大、复旦这类名校以及出国深造的仍然是凤毛麟角，大多数同学还是要过普通人的生活。

需要强调的是，如果把平常的日子过得精彩，你的人生照样可以阳光灿烂。我认识的一位东北女孩雯雯，她学习成绩不好，考的技校，毕业后找工作十分困难，但是她跟姥姥学了手绝活儿——做饼，味道特别好，引起一位日本商人的关注，聘请她去日本开了间香饼店，生意红火，还用挣到的钱给父母买了房子和轿车。

你们当中的很多同学学习成绩不拔尖，深造之路渺

让命运的天空绚丽多姿，彩霞朵朵——知心姐姐的信

215

茫，但完全可以像雯雯这样聪明的女孩那样，活出精彩的自己。

你们要做的是：充分运用我们七道彩虹理论，尽情描绘命运的天空。即使不能光彩照人，也一定会发出灿烂光亮。

不能做名人、伟人，咱就做个普通人，享受平淡人生。

做到了这一切，你就无愧于瑰丽的青春，就是成功。

五年幸福时光，我们彼此印象深刻。我会铭记你们那些灿烂单纯的笑脸，铭记那些刻骨铭心的汗水和泪水，铭记那些真实动人的喜悦，铭记那些温暖人心的相互关爱。

希望你们像小白杨一样，积极健康快乐地茁壮成长，永远保持一颗青春洋溢的心，热爱学习，热爱工作，热爱生活，热爱属于我们的一切，温馨一生。

不管日后你们在天涯还是海角，一定别忘记在海岱河口于家小学，有一个名叫申莉的老师在默默地为你们祝福。

深深爱你们的知心姐姐

申　莉

青春真好

心血之作杀青后，我浏览着电子稿件，感到无比惊诧：天，这是我写的吗？

事实上也确实是我写的，没人可以代劳。这是我的灵感泉涌，厚积薄发，喷薄而出的结果。

本来该作品投稿时的名字叫做《挥舞人生画笔，让命运的天空飘满彩霞》，笔者自我感觉也好得不得了。

而出版社改的书名更爽朗——《我的青春不迷茫》，以此对应于流行书市的"谁的青春不迷茫"，确实颇有见地。

仁者爱山，智者爱水。我记忆深处的那条小清河浮现在我脑海。小河、芦苇、树木、小鸟、松林、西海，这一切给了我水灵灵的感觉，绝处逢生，柳暗花明。每当我写作进入高原阶段后，那条清澈的小河总能给我注入灵感，添加动力。每次回故乡，我都要到这条早已干涸的小河边流连忘返，追寻40年前的美好时光。姐、哥嘲笑我总是忘不了那点事！正因为我能将此人文美景铭刻在心，智者爱水，所以比他俩的文采要好。

有小清河，那么就有河边的同学，就有知心教师。特级教师申莉姐姐是我想象出来的，但我相信现实中肯定有的是这样的好老师。那些学生美眉、帅哥都有原型，或者是我同学，或者是我的亲人。

童年的美景都是那么美好：天也蓝，云也白，山也青，水也秀，林也密，鸟也多，鱼也欢。我要将之烙印在脑海里，珍藏于灵魂深处，用一生的时间去魂牵梦萦地想念。即使见不到朝霞和晚霞，我也会将彩云图片做成电脑桌面来欣赏。这是我永恒的灵感源泉和心灵寄托。

我还要感谢特浓的麦斯威尔咖啡，风味醇厚，我以此提神和刺激灵感！原先喝文友送的宁夏盖碗茶、八宝茶已经提不起精气神了。远在南京求学的儿子又给我网购了两袋巴西有机咖啡豆。磨成粉后，连同麦斯威尔速溶咖啡混合一起，一口接一口，一袋接一袋地往肚里灌。最高峰时，一天喝了七八袋！

我要感谢单位领导，特别是院领导的关怀。

当毕红光检察长得知我要写这本书的时候，非常高兴，连说好好！慷慨地表示要时间给时间，坚决支持！那晚我在单位值班，检察长亲自进屋查看，问寒问暖，热情鼓励，称赞我富有聪明才智。我很自豪。虽然我有很多缺点，那么多不足，但是毕竟尚有点过人之处，而且还能得到赏识，而不是像从前那样劳而无功。

我要感谢科室领导和同事，她们尽力完成日常工作，让我得以集中精力完成精品力作。

我要感谢爱妻荣儿，她无微不至地关心照顾我的生活，给我做排骨米饭大鱼等可口饭菜，多次给包鱼肉馅饺子，还将咖啡豆研磨成细细的粉末给我泡喝。无微不至的照顾，温情脉脉的鼓励安慰，给了我无穷无尽的动力。在我写这后记的时候，荣儿正在厨房一人包鱼饺子。

我还要感谢爱子"小熊"，千里之外关心他慈父的健康，还给我网购巴西有机咖啡豆。

我特别要感谢的是——红透半边天的大衣哥朱之文老师对我的支持，祝愿他越来越红。

青春可以做成很多事情，郎朗大师就是从幼年奋斗，青春期成功的典范。即使笔者这年近半百的大叔级人物还能焕发第二青春，豆蔻年华的同学们有什么理由不奋发打拼呢？

不管未来经历多少风雨，这部书是我永远的安慰。

天上白云飘浮，河里泉水青青。河边芦苇起伏，树上鸟儿欢唱。小清河一路欢歌地从我门前跑过，流经河口于家，南街两侧是茂密树木，河畔摇曳着芦苇。小河穿越海滩那大片的黑松林，汇聚入海。海面渔帆点点，上空海鸥飞翔，海水碧蓝，有大鱼不时地跃出水面。

沿着河口于村的小路西行，南面是树林，北面是麦田，再往西是花生地，葡萄园，棉槐条一簇簇的，小动物不时地窜出。高大的杨树叶在微风吹拂下，哗啦啦地歌唱。

童年美景，青春影像，伴我一生，温馨念想。

写于 2013 年 5 月 18 日春雨霏霏

修订于 5 月 25 日春光明媚

定稿于 5 月 29 日万籁俱寂